巧克力狐

大理石白狐

琥珀狐

雪[illegible]狐

美国彩狐(新华社提供)

白化北极狐

芬兰北极狐

芬兰北极白狐

芬兰北极狐与我国北极狐杂交新一代狐

银狐与北极狐杂交杂种银狐

温顺的原种芬兰狐

风干的原种及杂交原代北极狐狐皮

原种芬兰银黑狐（由潍坊良种水貂场提供）

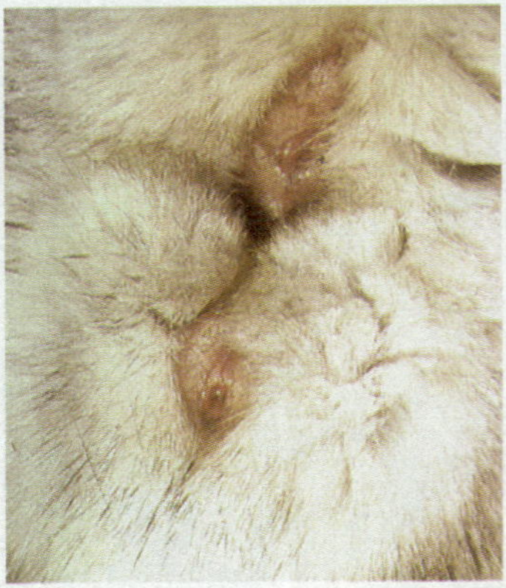

蓝狐发情期
阴门形态

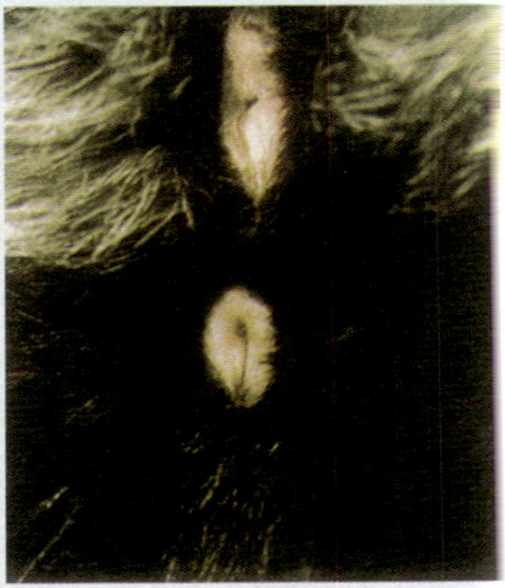

银黑狐发情
期阴门形态

北极狐交配（连锁）

哺乳的北极狐

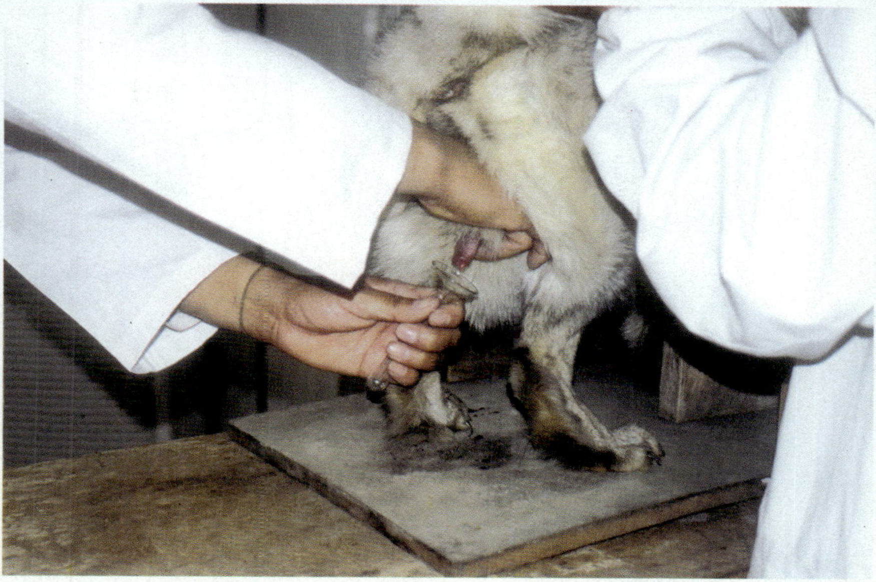

人工采精

人工输精

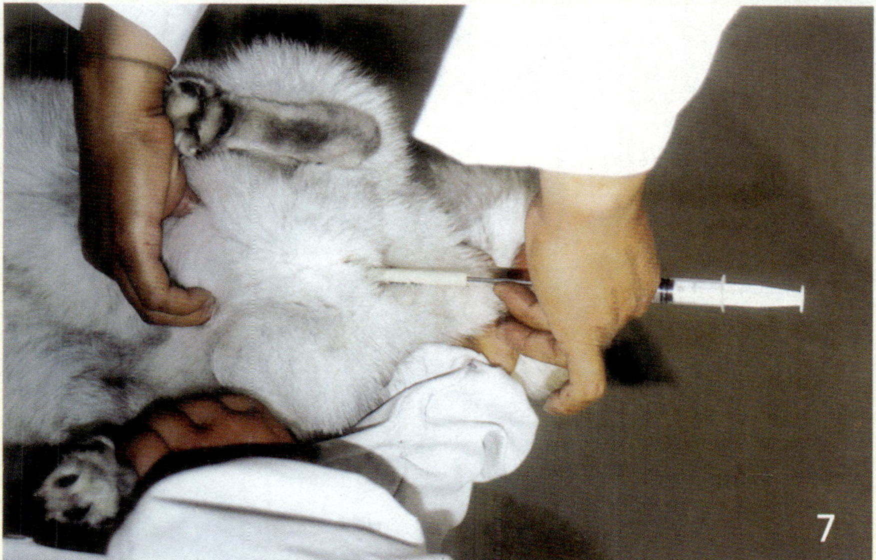

强制哺乳

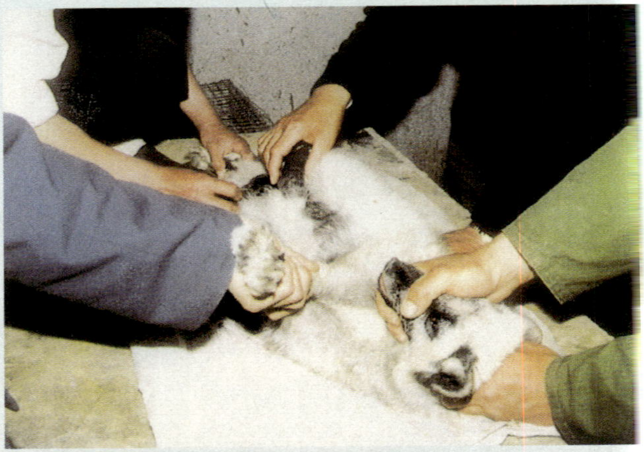

河北藁城养狐场一角

山东聊城养狐场一角

带仔的银黑狐

养狐实用新技术

（修订版）

郭永佳　佟煜人　编著

金盾出版社

内 容 提 要

本书由中国农业科学院特产研究所郭永佳副研究员等重新修订。该书自1996年面世以来，已9次重印，发行近20万册，深受读者欢迎。编著者根据养狐业和养狐科技的发展，对本书做了修改和补充，对原有内容进行了科学的调整，增加了狐的新品种，狐的引种，狐的科学饲养及疫病防治方面的新内容，涵盖了国内外养狐的新技术和新成果。本书内容丰富实用、文字通俗易懂，适合养狐场员工、养狐专业户、毛皮加工人员和有关科技工作者阅读参考。

图书在版编目(CIP)数据

养狐实用新技术/郭永佳，佟煜人编著．—修订版．—北京：金盾出版社，2005.5

ISBN 7-5082-3587-8

Ⅰ．养…　Ⅱ．①郭…②佟…　Ⅲ．狐-驯养　Ⅳ．S865.2

中国版本图书馆CIP数据核字(2005)第025334号

金盾出版社出版、总发行

北京太平路5号(地铁万寿路站往南)

邮政编码：100036　电话：68214039　83219215

传真：68276683　网址：www.jdcbs.cn

彩色印刷：北京百花彩印有限公司

黑白印刷：北京金盾印刷厂

装订：兴浩装订厂

各地新华书店经销

开本：787×1092 1/32　印张：6.5　彩页：8　字数：135千字

2006年12月修订版第14次印刷

印数：234001—249000册　定价：7.00元

修订版前言

我们编写的《养狐实用新技术》一书，承蒙广大读者的关怀和厚爱，自出版以来已重印9次，累计发行近20万余册。由于该书出版已有8年，受当时养狐业的状况和科技水平的局限，现在看来书中存在着许多不足之处，已不能满足广大读者对新技术的渴求。为了适应新形势，使科普书籍与时俱进，有必要对原书进行重新修订。

当前，国际、国内的养狐业形势较好，我们一定要抓住大好时机，不断创新，加强育种及品种改良，进行科学饲养，瞄准国际、国内市场，发展这一利国利民的特产养殖业，使之成为业者发家致富的好项目。

修订版的《养狐实用新技术》，在原有基础上增加了狐的新品种，疫病防治、我国养狐业现状和发展方向的新内容，对原书繁殖技术和饲养方面作了较多的补充。

经过修订，增强了本书的科学性、系统性和实用性，科技含量明显提高，但因掌握的资料还不够多，不足之处仍在所难免，恳请广大读者和同行给予批评、指正。

编 著 者

2004年11月

目　录

第一章 我国养狐业的现状及今后发展方向

我国养狐业自 20 世纪初在黑龙江北安县及嫩江流域当地猎人养赤狐以来，已有近 100 年的历史了。20 世纪 50 年代前，由于社会的变迁和经济技术落后，养狐业始终未能发展起来，真正发展是从 1956 年起步，大发展是在 20 世纪 80～90 年代。当时形成国营、集体和个体一起上的局面，1996 年底达到高潮，全国存栏种狐约 100 多万头。到了 1998 年由于亚洲金融危机的影响，使狐皮价格不断下滑，特别是北极狐皮价格降到 1996 年底的 1/4～1/3。直到 2000 年下半年随着亚洲经济开始复苏，养狐业才出现转机。在养狐业处于低谷阶段中，全国除一些大的养殖场仍保持一定数量的种狐外，大部分中、小养狐场纷纷解体，但全国仍有 40 万～50 万头种狐存栏。2001 年初由于狐皮价格回升，种狐数量有所增加，全国有种狐 60 万～80 万头。至 2004 年全国种狐数量超过 1996 年，达到 150 多万头。

我国狐皮价格下滑，除受亚洲金融危机影响外，另一个主要原因是毛皮质量与发达国家的狐皮相比存在着较大差距，表现在毛皮的尺码小，毛绒质量差，其价格仅为发达国家产品的 1/3～1/2，缺乏竞争力。究其原因，一是种狐品质差，生产不出高质量的毛皮，这主要是前些年“狐狸热”时期炒种的结果，几乎见母狐就留来作种，不注意出生早晚和亲缘血统，近亲繁殖，致使种狐品质退化；二是不重视科学饲养，营养达不到种狐标准，而导致越养越小。就目前也有很多场家，为了节约成本，或流动资金不足，仍在低标准进行饲养，满足不了狐生产所需要的营养水平，就是用优良芬兰狐杂交改良的后代也显现不出杂种优势。三是世界发达的养狐国家，如北欧、北美及俄罗斯等国家均在寒冷的北方高纬度地区，而我国在养狐热时期，全国遍地开花，甚至海南、川滇等南方地区也养狐，这种做法违背狐本身生态规律，必然导致毛皮质量下降。因此，养狐不能在全国盲目发展，应该很好地发挥我国北方冷资源优势。

人工授精技术是狐育种、杂交改良、属间或种间杂交不可缺少的技术手段之一，褪黑激素能促进雄狐睾丸发育及提早冬毛生长，这些先进技术在全国尚未完全普及应用，今后应当重视新技术和新成果的应用和普及。

除上述问题外，全国各地养狐场普遍饲养品种单一，多以北极狐为主，一旦这一品种因某种原因皮张价格下滑，便不具备抗风险能力。倘若多品种(狐、貉、貂等)饲养，可以迅速转向饲养，减少损失。就狐本身也要多品种(银、蓝狐及各种彩狐)养殖，同时亦可开展种间或属间杂交，生产市场所需要的各种高档毛皮商品，如蓝霜狐皮、影蓝霜狐皮就很受国内外皮货商欢迎，而且价格不低。

当前，养狐业在国际和国内狐皮行情看好情况下，一定要抓住机遇，迎接挑战，坚持以提高毛皮质量为主攻方向，加强育种及品种改良，进行科学饲养，不断创新，因地制宜地发展我国养狐业。相信这一农村致富项目，在不远的将来一定会赶上或超过发达国家。我们不仅要看到国际市场，还要看到拥用13亿人口国内需求的大市场。随着人们生活水平提高，对毛皮需求量也不断增加，国内养狐业是有广阔的发展前途。

第二章 狐的生物学特性

一、狐的分类与地理分布

狐属于食肉目,犬科的动物。人工饲养的狐有两个不同的属,即狐属和北极狐属。狐属在世界上共有9个种,广泛分布于亚洲、非洲和欧洲及北美洲大陆,但马达加斯加、东南亚、南美洲、大洋洲和一些大洋岛屿不见其分布。我国有3个种,即赤狐、沙狐和藏狐。赤狐除台湾和海南省外,在全国各地均有分布;沙狐仅分布在内蒙古东部;藏狐分布在我国西藏、青海、甘肃和云南。

北极狐又名蓝狐,野生种广泛分布在欧洲、北美洲和亚洲的北部,最北接近北冰洋。

目前,世界上饲养的银黑狐原是由北美洲加拿大人Dalton和Oulton于1860年捕捉的野生赤狐的变种黑色狐驯化而来的;现在饲养的北极狐是1750年由原俄罗斯航海者在阿留申群岛捕到的野生蓝色北极狐驯养而来的。由此不难看出,银黑狐和北极狐的祖先原均是北方高纬度的野生种。

二、狐的生活习性和食性

狐的生活环境较为多样,在森林、草原、高山、平原、荒漠、半荒漠等地均有分布。常以石缝、树洞、土穴、灌木丛或坟丘为洞穴。狐行动敏捷,善于奔跑,疾跑时后足常越过前足的足迹,很像兔的足迹排列。视觉锐敏，听觉和嗅觉也很敏感，记忆力强；犬齿（尖牙）长而尖，臼齿（磨牙）较复杂，适于撕裂肉类食物。齿式为：$\frac{3 \cdot 1 \cdot 4 \cdot 2}{3 \cdot 1 \cdot 4 \cdot 3}$，两侧共42枚。狐汗腺不发达，常以张口伸舌和快速呼吸的方式调节体温（散热）。

狐的食性较杂，但以动物性食物为主。常以小型的哺乳动物，如啮齿类鼠和兔等为食，另外亦吃鸟类、鸟卵、爬行动物、两栖类、鱼类，以及植物的浆果类。在食物来源困难的情况下，也食昆虫类动物。其猎食的种类因季节及所处环境不同而异（表1）。有些地区，狐以捕食鼠类为主。因此，狐是鼠类的天敌。在北京郊区，狐常以黑枣等浆果为食，在一个时期，可占胃中食物的60%。赤狐生性机敏，常以埋伏的方式猎取食物，有时也以戏耍的方式接近猎物，然后突然跳起捕住猎物。当捕到的食物一时吃不完时，常将多余的部分用松土埋起来，或埋在树下或雪下，以备饥饿时再吃。贮后还做伪装，并排尿作标记。寒冷的季节仍外出觅食。狐的抗饥饿能力很强，有时几天吃不到食物，仍能维持生命活动。狐是夜行性动物，白天藏在洞内休息，夜间出来觅食，但当夜间觅食不足时，白天仍出来捕食。

表1　美国威斯康星州赤狐猎食记录表　（%）

季节	哺乳类			鸟类	植物	昆虫
	小	中	大			
春	23	23	—	26	16	12
夏	23	16	—	5	25	31
秋	48	40	—	7	5	—
冬	46	32	3	7	12	—

狐性狡猾多疑，在人工饲养条件下，常引起惊恐，尤其是

赤狐和银黑狐比北极狐更为警觉。因此，配种和妊娠期及产仔期注意环境安静很重要，切忌意外声响的惊动。狐的天敌有狼、猞猁、鹰、鹫等。

三、狐的生殖系统生理解剖特点

（一）公狐的生殖器官

公狐生殖器官由睾丸、附睾、输精管、阴茎及副性腺等部分组成。

1. 睾　丸

公狐有 1 对睾丸，位于腹股沟与肛门之间的阴囊里，呈卵圆形。睾丸发育具有明显的季节性变化。夏季（5～8 月）成年公狐睾丸非常小，重量仅为 1.2～2 克，无精子生成。8 月末至 9 月初，睾丸开始发育，11 月发育明显加快，其重量和大小有所增加，至 1 月重量达到 3.7～4.3 克（最大达 5 克），触摸具有弹性，解剖或按摩采精可见到成熟精子。睾丸除产生精子外，还是分泌雄性激素的腺体。

2. 附　睾

为一长管状，紧紧贴附于睾丸之上。有错综蟠曲的附睾管。分头、体、尾 3 部分。附睾的作用是运输、浓缩和贮存精子。精子需在附睾内成熟。

3. 输精管

输精管和附睾相接，长 9～13 厘米，粗约 0.15 厘米，其功能是把精子从附睾尾输送到尿道。

4. 副性腺

主要是前列腺和尿道球腺（考帕尔氏腺）。前列腺较发达，包围在尿道周围。尿道球腺小而坚实，位于尿道出盆腔附近。两腺主要是在公狐射精时排出分泌物，因为尿道球腺在后（距尿道近），它的分泌物主要是起清理和冲洗尿道作用，即自动清洁作用；前列腺分泌物主要起到稀释精液和提高精子的活力的作用。

5. 阴　茎

公狐阴茎呈长圆棒状，长 8～10 厘米，内有 6～9 厘米长的阴茎骨，阴茎的海绵体包着阴茎骨，阴茎是狐交配和排尿器官。当公狐性兴奋时，其海绵体充血，形成两叶较长的膨大体，使阴茎勃起。在阴茎 1/2 处还有两个球状海绵体，分别位于阴茎两侧，当第二次充血时，使阴茎中部两个球状海绵体膨大。当狐交配时，阴茎第一次充血，使阴茎勃起，可以置入母狐阴道内；置入后第二次充血时，由于两球状海绵体充血膨大，使阴茎紧锁在母狐的阴道内。因此，出现连裆（连锁）现象，直到射精完毕，这种现象才消失。连裆现象是大部分犬科动物所独有的一种生理现象。阴茎除交配外，大部分时间缩在包皮内。

（二）母狐的生殖器官

母狐的生殖器包括卵巢、输卵管、子宫、阴道和外生殖器。

1. 卵　巢

卵巢呈扁圆形，直径约 2 厘米，腹面黄白色，背面红褐色，完全被一脂肪腔所包围。卵巢与脂肪间有缝隙，形成封闭的卵巢囊。卵巢有两大功能：一是周期性产生可受精的成熟卵子；二是产生比例均衡的雌激素，以促进生殖道的发育，利于发情交配和早期胚胎的移动、附植和胚胎发育。

2. 输卵管

狐的输卵管很细，与输卵管膜粘着在一起，蟠曲在卵巢上。输卵管功能是接纳卵巢排出的卵子，在其内发生受精作用。将受精卵输送到子宫角内。

3．子　宫

狐的子宫为双角子宫，由两个子宫角、一个子宫体和一个子宫颈构成。子宫角长75～85毫米，粗3～5毫米；子宫体长35～40毫米，粗12～15毫米；子宫颈是一个括约肌样结构，向后突入于阴道内，长4～5毫米，宽4～6毫米。子宫具有多项重要功能，交配时收缩，有助于精子向输卵管运动；胚胞在附植（着床）时，子宫液有助于胚胞发育，最后它是胚盘形成和胚胞发育的地方。

4．阴　道

狐的阴道长10～12厘米，两端宽阔（直径15～17毫米），中间较狭窄（直径10～12毫米）。其上端与子宫颈的连接处形成横形结构，即阴道穹窿，此处粘膜肥厚坚硬，可在交配时将公狐的龟头嵌置于此。阴道是交配、接受精液之处，又是胎儿和胎盘产出时的通道。

5．外生殖器

包括前庭、大阴唇、小阴唇、阴蒂和前庭腺，统称为阴门。

前庭有两个比较发达的突起。交配时受刺激而剧烈收缩，两突起膨大，与公狐阴茎中部球状海绵体共同作用，而出现连裆。母狐外生殖器官在静止期凹入皮肤之内，外观不显，且被阴毛所遮盖；而在发情期，在形态上有一系列的变化，这种变化是外阴部观察发情鉴定的重要依据。

四、狐的繁殖特点

狐的寿命为10～14年，可繁殖年限6～8年，人工养殖最佳繁殖年龄段为 2～5 岁。

狐是每年繁殖 1 次的动物，繁殖季节在春季。狐的生殖器官受年光照周期的变化制约而出现明显的季节性变化。即每年光照短(秋分)时，性器官开始发育，光照转长时性器官已发育得相当大了。银黑狐到 1～2 月份已发育成熟，能够发情交配了，北极狐到 2～3 月份开始发情交配。

银黑狐公狐 5～8 月份，北极狐公狐 6～8 月份，母狐 6～8 月份均为性静止期，性器官此期最小。到 8～10 月份睾丸和卵巢均开始发育增大。到 11～12 月份性器官发育到相当程度，到翌年春季母狐发情排卵，此时输卵管、子宫，特别是子宫颈、阴道、外阴部也随着卵巢发育而变化，即体积和重量明显增大。狐是自发性排卵动物，两个卵巢可交替排卵。幼狐 9～11 个月性成熟。据统计，出生晚的幼狐，有 20%～30%在翌年繁殖季节不发情。狐是多胎动物，银黑狐胎平均产仔 4～5 头，最多 10 头；北极狐胎平均产仔 6～7 头，最多 24 头。

第三章　狐的品种

目前世界上饲养的狐有两个属，即狐属和北极狐属及这两个属狐的变种狐。狐属中有赤狐、银黑狐及狐属中各种彩狐；北极狐亦包括北极狐属系列彩狐。

一、赤　狐

赤狐颜面长，吻尖，耳直立，体修长，四肢稍高（与北极狐相比），尾的长度可占体长的一半以上。被毛以棕红色为基本毛色，双耳面及四肢为黑色。吻部为黄褐色。喉、前胸、腹部的毛色浅淡，呈白色或乌白色；尾上部毛为红褐带黑色，尾尖为白色；仔狐毛色呈浅灰褐色。我国各饲养场家很少饲养赤狐。但赤狐是生产各种彩狐之源，是各种彩狐的基因库。从长远看有条件的大场可适当饲养，以生产市场所需的各种彩狐（赤狐见封底彩页）。

二、银 黑 狐

银黑狐又名银狐。原产于北美洲北部和西伯利亚东部地区，它是赤狐在野生自然条件下的毛色突变种。因此，它的体型外貌与赤狐相同，只是毛色有较大的差异。银黑狐的吻部、双耳的背面、腹部和四肢毛色均为黑色；背部和体侧呈黑白相间的银黑色。银色的毛被是由针毛的颜色决定的，针毛的颜色基部为黑灰色，接近毛尖部的一段为白色，而毛尖部仍为黑色，因为白色毛段衬托在黑色毛段之间，从而形成华美的银雾状。针毛的白色毛段所处的位置（深浅）和比例，决定了毛皮银色强度。绒毛为灰褐色，尾尖为白色。目前我国有些大场饲养部分银黑狐，因产仔较北极狐少，多数场家饲养较少，但价格比较平稳，就是在养狐处于低潮时，它的价格也比北极狐高。银黑狐经过100多年培育，体型大了，适应性也强了，毛绒质量比野生时有大幅度提高。一般在良好饲养条件下，公狐体重达到5.8～7.8千克，体长达66～75厘米；母狐体重5.2～7.2千克，体长为62～70厘米。银黑狐（见彩页）是世界上饲养的主要品种之一，我国生产的银黑狐皮除自销外，主要出口俄罗斯。

三、狐属的彩狐

赤狐在饲养过程中，不断出现新的突变种，除银黑狐外，还有白金狐、珍珠狐、蓝宝石狐、巧克力狐、Collcott棕色狐、白化狐、白脸狐、日光狐、乔治白狐、北极大理石狐和金晖狐等，这些狐体型与赤狐、银黑狐相同，见封面和彩页。

四、北极狐（蓝狐）

北极狐比赤狐、银黑狐体型略小，吻短，耳宽而圆，四肢也短，体态圆胖，被毛丰厚，针毛短而稀。绒毛稠密，蹠部有密毛，以适应寒冷气候。北极狐原产于北欧、亚洲和北美的高纬度地带，如阿留申、库曼多、阿拉斯加、格陵兰岛和西伯利亚等地。

北极狐在野生条件下有两种毛色型：一种为浅蓝色型，长年保持较深的颜色，所以，有蓝狐之称；另一种冬季为白色

(但底绒为灰色),其他季节毛色变深,即白色北极狐(见彩页)。

成年北极狐公狐体长为65~75厘米,体重5.5~7.5千克;母狐体长为55~75厘米,体重为4.5~6千克。

五、芬兰北极狐

芬兰北极狐是近年来芬兰在自然条件下,经过多年选择和培育而育成的超大型北极狐新品种。体长70~90厘米,体重12~16千克,最大达20千克,为我国小型北极狐的2~3倍。体质为松弛型,皮肤具有皱褶,皮张延伸率为活体的72%。因此,毛皮利用率较高。芬兰北极狐毛绒稠密,针毛匀称平齐,蓝色有光泽。生产商品皮普遍能达到"00"~"0000"号皮,是一个好品种。但芬兰北极狐毕竟是在千湖之国芬兰育成的,其地理纬度、光照、气候和饲料条件与我国都存在着较大差别。能够完全适应我国环境条件,还需要一个风土驯化过程。但对我国小型北极狐进行杂交改良,应该是首选品种之一。我国从1996年开始引入芬兰狐改良我国小型北极狐,已经达到级进3~4代或以上,主要集中在一些大场饲养。因芬兰狐体型大,本交有一定困难,所以多采用人工授精技术配种。该狐形状见彩页。

六、彩色北极狐

北极狐在长期家养过程中,也出现许多新的突变种。如影狐、影白狐、蓝宝石北极狐、北极珍珠狐、白色北极狐、蓝星狐和Houqen白金狐等。这些彩狐体型与北极狐相同,饲养要求与北极狐基本相同。

第四章　狐的引种

一、种狐的选择

凡初养狐者首先应根据市场信息，确定养什么狐适合市场需求和本场的发展。当确定某个品种后，应选择大的场家引种较为适宜。可多走几个场家，看哪个场狐质量好、无病（如螨虫、自咬症），就在哪个场家引种。一可避免近亲繁殖，二有选择的余地。不是所有的狐都能做种用，必须达到种狐标准才能作种用。

成年母狐一定要选择毛色一致、发情早的，北极狐要选择3月中旬前发情的，产仔在8头以上，而且泌乳力和母性均强，仔狐成活率高的做种用；银黑狐也要选在2月中旬以前发情，产仔在6头以上，也要求母性强、泌乳力高、仔兽成活率高的做种用；公狐除要求毛色好外，配种能力一定要强（年配种在10次以上），它所配的母狐产仔率和成活力均高的作为种用。公狐年龄在5岁以内的。实践中很难引到好的成年狐，除非场家全群出售，而多数只出售幼狐。

幼年狐的选择，要求双亲毛色好。同窝仔狐数多（银黑狐6头以上，北极狐8头以上），成活率高，出生早（银黑狐在4月中旬以前生的，北极狐5月20日前出生的），出生较晚的狐翌年将有20%～30%不发情或发情不充分，说明没完全达到性成熟。体型要求匀称，毛被顺溜。引种多数是幼狐，要求售狐场家提供谱系，以了解种狐父母、祖父母及外祖父母的生产性能，以利于回场后组织生产，避免近亲繁殖。

二、种狐的运输

运输前一定要建好场，如狐棚、笼室，还要准备好食具和饲料等。运输工具，长途可用火车，短途可用汽车。运输笼要一狐一笼，以防咬伤。运输前要求售狐场家提供检疫证，免得沿途受阻。运输时间以 8～10 月份，并在夜间进行较好，以防中暑或得热射病。运输途中要保证饮水供给，1 天以上可考虑给食，饲料最好以整条鱼为好，主要是方便易行。运输前一定要核实售狐场家是否注射犬瘟热、病毒性肠炎、脑炎疫苗，如果未接种，一定要接种上述疫苗后 15 天再运。在装运过程中，一定要检查好公母，同时注意检查螨虫、自咬症，千万不要将这两种病带回场内。另外，也要注意不要将残疾狐（瞎眼、三条腿的、外生殖器官畸形的）带回场。狐号一定随笼拴好，决不能丢掉或串换，以免谱系混乱。

引种幼狐，最好带少量的老公、老母狐，有利于初学者进行狐配种工作，因小公狐配种需要有一个训练阶段，老公狐就不需要训练，自然会配。

第五章 狐场的建设

一、狐场选址与设施

根据养狐场规模大小，来确定建筑范围。如果在宅旁庭院少量养殖，有养狐笼箱即可，有狐棚当然好，没有狐棚，盖石棉瓦亦可。如果大规模养殖，除笼舍外，要有饲料加工室、兽医室、技术室、皮张加工室、冷库及干饲料仓库等。当然，场址要选择交通方便，距饲料基地较近，水、电源方便，利于排水、排粪的地点。

二、笼舍建造

因各地气候条件及经济水平不一、笼舍的建造材料不同，可因地制宜采取不同材料进行设计建造，但必须有狐棚、笼舍和小室。

（一）狐 棚

狐棚是用来遮阳、防雨用的，可因地制宜，就地取材。经济条件好的场可用三角铁、水泥墩和石棉瓦结构，虽然成本较高，但耐用。亦可用砖木结构及塑料瓦。棚的规格：棚高（脊）2.6～2.8 米，棚檐高 1.5～2 米，作业道宽 1.2 米，棚宽（跨度）5 米左右，长度依养狐多少及场地长短而定。

（二）狐　笼

我国各地养狐场使用的狐笼大小很不一致，但长应不小于 1 米，宽不小于 70 厘米，高 80～90 厘米，用 14 号镀锌铁丝电焊网制成，网眼 1.5 厘米×1.5 厘米，靠小室的外端要留活动门，利于配种和治疗、抓狐用。门的大小，应不小于 25 厘米×30 厘米。水盒也要挂在这一侧，利于饲养员操作。

（三）小室（产箱）

要用木质板材制作，长 60 厘米，宽 50 厘米，高 45～50 厘米。要有活动的盖，与笼接面要有狐出入的门（20 厘米×25 厘米），靠近作业道一面要留一小门（10 厘米×12 厘米）以利于清扫和消毒产箱。小室底部不能用铁板或水泥板，一定要用木质板材，利于产仔保活。

总之，笼舍建造一定要利于生产、清扫、抓狐，饲养管理方便。

饲养芬兰北极狐及其杂种狐的笼舍和小室就不能按上述尺寸，应适当加大，笼长要在 1.1～1.2 米，宽 80～90 厘米，高 80～90 厘米；小室也应加大，底长 70 厘米，宽 55 厘米，高 50～60 厘米。

国内大型养狐场多采用木制小室，占地面积少，单位面积载狐量多，且方便管理（图 1）。山东、河北多采用砖砌窝室，离开地面（图 2）。

为了确保养狐场安全及环境安静，场区四周要建筑围墙，门口要设消毒槽（装石灰或来苏儿水），狐场周围和场内要进行绿化，一是美化环境，二是给狐遮阳。

一般常用设备，除笼网前侧吊有水盒外，还要有食盒、打

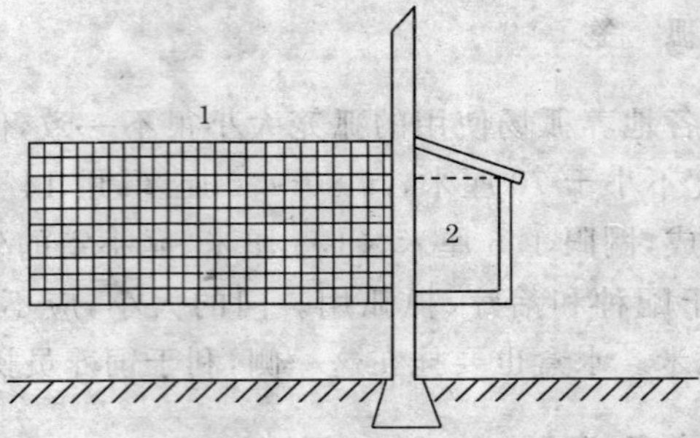

图 1　养狐笼箱

1. 笼　2. 木制小室

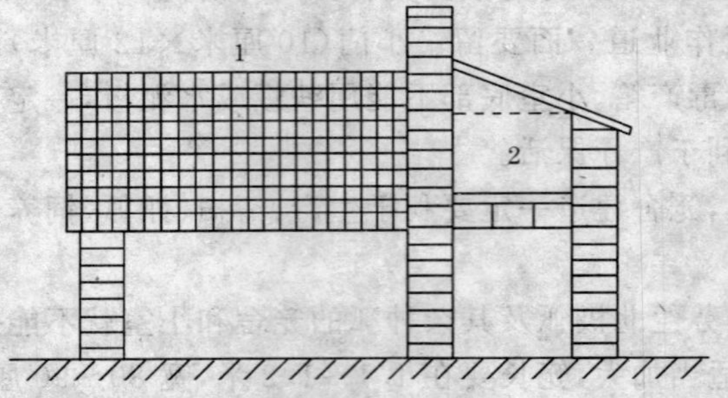

图 2　养狐笼舍

1. 笼　2. 砖砌的窝室

食勺、食桶、饮水壶、抓狐钳（或套）、清扫和起粪工具及修笼工具等。

第六章　狐的繁殖技术

一、狐的发情鉴定

（一）公狐的发情鉴定

银黑狐进入1月中旬至3月中旬，北极狐从2月中旬至4月下旬为发情期。公狐的发情较易发现，进入发情期的公狐，表现活跃，趋向异性，在异性刺激下食欲减少，常常频频排尿，尿中“狐香”味加浓，不时发出“嗷、嗷”求偶叫声。当将其放入母狐笼中，对母狐表现出极大的兴趣，除频频向笼侧排尿外，常与母狐嬉戏玩耍；如触摸睾丸时，睾丸无毛或少毛、光滑，且具有弹性，如用按摩采精法采精，可采出成熟精子。

公狐配种能力可持续60～90天，但也因公狐年龄、体质、营养水平不同，个体间差异较大，多者可配十多头（包括复配在内）母狐，少则1～2头。据我们1994～1996年分群统计，初情公狐有10%～18%无精子或死精子者。因此，狐配种一定要进行精液品质检查，经3次检查确认无精子或死精子小公兽，则不能利用，即可淘汰取皮（当时2～3月份皮还可以利用）。

（二）母狐的发情鉴定

母狐的发情表现较为复杂，它的发情鉴定准确与否，关系到生产的成败。其鉴定方法有外阴部观察法、试情法、阴道内容物涂片法和试精器法。根据我国狐本交和人工授精的实际，前两种方法较多用。阴道内容物涂片法，人工授精员在输精时发现子宫和子宫颈未充分发育时，可结合检查阴道内容物涂片，在显微下看无核角化细胞是否占多数，如果不占优势时，说明未到真正发情期，可停止授精。

1．外阴部观察法

当狐进入发情期后，饲养员要不间断地对母狐外阴部进行检查（大群每 2 天检查 1 次，进入发情前二期者，要天天检查），根据母狐外阴部变化可分为发情前期、发情期和发情后期几个阶段；通常又把发情前期分为发情前一期和发情前二期。

（1）发情前一期　母狐阴门开始肿胀，阴毛刚分开，使阴门露出毛外，阴道流出特殊气味分泌物，狐表现不安、活跃，食欲稍减。此期一般能持续 2～3 天，但也有个别狐持续达 1 周以上，特别是在整个狐群发情初期和后期常出现持续时间长的现象。

（2）发情前二期　发情母狐外阴部高度肿胀，肿胀面光而平，触摸时硬感明显，无弹性。阴道分泌物颜色浅淡。此期可持续 1～2 天。

（3）发情期（发情持续期）　外阴部肿胀程度有所变化，肿胀面光亮消失，而出现皱纹，触摸时柔软不硬，富有弹性，颜色变浅淡。阴道中流出较浓稠的白色分泌物，母狐食欲下降，有的狐停食 1～2 天，此期银黑狐可持续 1～2 天，北极狐则为 3～5 天。初情母狐外阴部变化与老母狐大体相同，只是变化程度略小一些。

（4）发情后期　外阴部逐渐萎缩，颜色变暗白色（给人以陈旧感）。

（5）静止期　阴门缩在皮肤内，被阴毛所覆盖，如不扒开看不到阴门，阴裂很小。各期的具体变化见图3。

2. 试情法

是将母狐放到试情公狐笼内，发情前期，母狐虽然能与公狐嬉戏玩耍，但不让公狐爬跨，有的即使让公狐爬跨，但回头咬公狐，拒绝公狐交配。到了发情期母狐主动接近公狐，并不断嗅公狐阴部，爬跨公狐，玩耍一阵后，当公狐对母狐有求偶欲望时则主动抬尾，等待公狐爬跨交配，而且不回头咬公狐。对拒绝交配母狐，特别互相怀有敌意者，要及时分开，避免惊扰母狐。对于接受交配的母狐要放到预配公狐笼内实配。有人工授精条件者，可直接送到人工授精室进行人工授精。

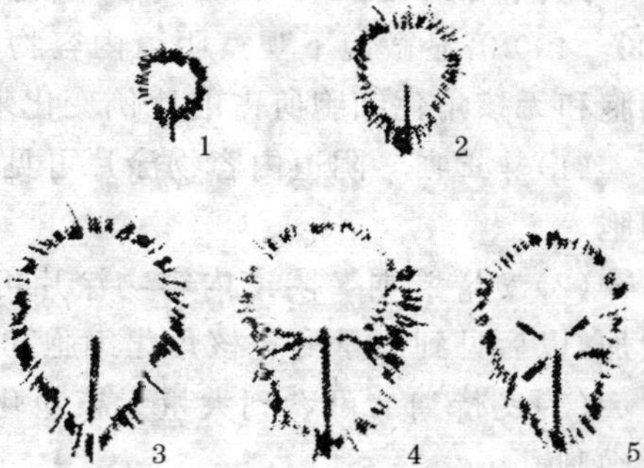

图3　狐发情外阴变化示意图

1. 静止期　2. 发情前一期　3. 发情前二期　4. 发情期　5. 发情后期

有些狐或初次发情母狐，外阴部无大变化，但实际已发情，叫做隐性发情或叫做安静发情。也有外阴变化不太明显，但已进入发情持续期，这叫短促发情，这两种发情用试情法均能奏效。另外，有个别的母狐从外阴部观察完全进入发情持续期，但就是卧在笼网上不起来，拒绝任何公狐交配，如再不配就过了发情期，对这种个别情况的发情母狐要抓紧配种和采用人工授精办法来配种，避免错过发情期，而造成失配。试情放对有促进母狐发情作用（异性刺激），尤其对银黑狐发情短、变化不明显，更为必要。

3. **阴道内容物涂片法**

此法用灭菌棉棒蘸取母狐阴道内容物制作涂片，在200～400倍显微镜下观察阴道内容物中的白细胞、有核角化细胞和无核角化细胞所占的比例变化来判断母狐是否发情。

(1)静止期　阴道内容物涂片可见到白细胞，很少有角化细胞。

(2)发情前期　阴道内容物涂片可看到核角化细胞不断增加，以后见到大量的有核角化细胞和无核角化细胞。

(3)发情期　可看到大量无核角化细胞和少量的有核角化细胞。

(4)发情后期　阴道内容物涂片又出现白细胞和较多的有核角化细胞。

此法在人工授精时，如发现子宫颈口未完全发育时(不够粗大)，难以确定发情与否时应用阴道内容物涂片法较为实际。如无核角化细胞不占多数，说明不到发情持续期，可停止输精。

4. **测情器法**

需用测情器每天进行测试，比较费时；另外探测母狐阴道天天进行，易感染阴道疾病。故多不采用。

二、狐的配种

(一)自然交配

银黑狐的配种期在1月中旬至3月下旬，北极狐为2月中旬至4月下旬。过早或过晚发情交配者，一般空怀率较高。

配种方法国内多采用人工放对方法，即将发情进入持续期的母狐放到预配的公狐笼内进行配种，配后分开，如果母狐特别胆小，亦可将公狐放到母狐笼内进行交配。其交配行为是：初放到一起需有一个求偶过程，时间长短不一，公母先相互嗅闻阴部，公狐往往向笼四周频频排尿，然后公母狐互相嬉戏玩耍。当母狐表现温驯时，便主动抬尾等待公狐交配。这时公狐开始性冲动，抬起前肢爬跨在母狐的背上，搂住母狐的后躯，试图交配，当母狐接受公狐的爬跨时，公狐的阴茎勃起，并稍突出于包皮之外，臀部不断抖动，有的爬跨几次即能交配成功，但大多数要经过多次或十几次或更多次才能交配成功。当公狐抖动加快并眯起眼睛，然后抖动变慢停止时，基本上实现交配，此时公狐便从母狐背上滑下来，转身后出现连裆现象。连裆是犬科动物交配正常生理现象，见彩页。交配时间长短不一，少则3～5 分钟，长的 1～2 小时，一般多为 20～30 分钟，连裆时间长短与产仔多少无关，但只有连裆后才能射精。因此，配上与否以连裆为准，凡连裆 3 分钟以上者均为有效交配(结合精液品质检查)。连裆结束后，公母分开，各自舔自己的阴部，并饮水，此时公狐对母狐失去兴趣，常卧在笼内一角，不理母狐。

精液品质检查，主要对首次参加配种公狐必须检查，对配种能力强的公狐，在配种中、后期也要复查，用事先消毒好的吸管(尖端为 0.3～0.5 毫米粗，长 15 厘米)插入受配母狐的阴道内 5～8 厘米，吸取母狐阴道内残留的精液，涂到载玻片上，置于 200～400 倍的显微镜下观察，有精子，活力和密度均好者，说明精子合格，反之无精子或有精子但均为死精子，说明精液品质不好，经 3 次检查均为无精子或死精子者，此公狐一定要停止使用，其所配的母狐都要用精液品质好的公狐进行补配。

狐配对有一定选择性，饲养员从外阴部观察上已确认当天完全可以配上的母狐，而母狐就是不接受交配，可更换几头公狐再次试配，有时更换后即告成功。有些老母狐放对拒绝多个公狐交配，可将其放入过去交配过的老公狐处，仍然和好如初，很快能达成交配。所以，要求饲养员要掌握狐配偶的选择性。

小公狐初次参加配种时一般表现胆小，没有配种经验，可以放到老公狐邻舍见习配种，或将其放入刚配完的母狐笼内来训练其配种，特别是已能够爬跨母狐，但没有实配的小公狐，这种措施较为有效，交配成功率较高。对性欲旺盛的小公狐，最好放入发情好、且温驯的老母狐，其试配成功性大；公母合笼驯化小公狐，进行异性刺激效果也比较好，只是时间稍长些。总之要尽量完成小公狐初配，以迎接配种旺季的到来，因为配种旺季每天要有多个母狐参加初次配种，还要有较多的母狐复配，没有80%会配种公狐，完不成配种任务。训练小公狐一定要有耐心，如小公狐能够爬跨，就是进步，后躯会抖动是再进一步，一定要坚持训练到底，直到会配为止。有的小公狐一个早晨即可训练成功，有的则需要几天。

对性欲特别旺盛的公狐，饲养员要控制使用，以便在配种旺期充分利用。对有特殊配种功能的公狐（会配弓背的及畸型的母狐）要重点利用，对体力差、配种能力不强的公狐，要加强饲养，尽早恢复体力，增强其配种能力。

配种一日配一次，或一日配多次均叫一日次。复配应连日或隔日交配。复配不要求过多，银黑狐1～2次，北极狐2～3次即可。次数过多反而会造成空怀，而且对公狐体力消耗过大。配种在育种场应以单交为好（初配和复配均由一个公狐完成），这样谱系清楚；生产场可以用双交方式配种，可提高受胎率，但不能提高产仔率。

（二）人工授精

狐的人工授精技术是20世纪90年代随着引入芬兰北极狐在我国逐渐开展应用的，目前专业养狐场及大型毛皮兽养殖场大部分应用此项技术。但对全国来说，尚未完全普及。人工授精技术主要的优点：一是提高优良种公狐配种能力，自然交配1头公狐仅能交配3～5头母狐，采用人工授精，1头公狐可交配30～50头母狐；二是可加快优良种群的扩繁速度，如能加快新品种和新色型扩繁速度；三是可节约一部分公狐的饲料费；四是可进行属间杂交，因二属发情不同步，且本交有困难，但人工授精则容易解决；五是在严格无菌操作下，可减少疾病传播机会；六是可解决本交一些困难，如母狐拒配、畸型、弓背及配种姿势不正等配种困难，对此用人工授精则可迎刃而解。但人工授精技术目前尚未普及，有的受胎率还不高，还有待完善提高。

1. 采　精

采精的器材有保定架、集精杯、显微镜、恒温箱、稀释液、无菌操作台等。我国大多数场家均用按摩采精法。方法是将公狐放在保定架内保定，使狐呈站立姿势，辅助人员将狐的尿道口和包皮处及整个会阴部用消毒巾（0.1%～0.2%新洁尔灭浸泡）擦拭，采精者用右手（带手术胶手套）快速（每秒钟4～5次）有规律地按摩狐的阴茎和睾丸部，使阴茎勃起，然后回缩包皮，捋住阴茎并后转，用拇指和食指由上往下摩压球状海绵体，摩压速度可稍慢些（每10秒钟摩压12～13次），压到球状体时可稍用力，经5～6秒钟，公狐开始射精。亦可在摩压的同时不断用龟头敲打左手拿着的集精杯边缘，促使公狐尽快排精。射精最先排出的是尿道球腺分泌的白色透明液体，不是精液，而是冲洗、中和及润滑尿道液体，可弃之不用。之后再排出的才是精液，是乳白色的液体，它是附睾内的精子和前列腺分泌物的混合物。整个按摩时间约几十秒钟，最多不超过2分钟。银黑狐采精时要捋挤龟头尖部。按摩采精方法可靠，且比较容易，但要求操作人员技术熟练（人工采精见彩页）。狐1次采精量为0.5～2.5毫升，精子量为3亿～6亿个，一个公狐可连续采精2～3天，休息1～2天。人工授精的精液品质要优质的，精子活力低于0.7者不能给狐输精。

采精室的温度要求在20℃以上，采出来精液要根据精液量的大小（精液量和精子数），确定稀释倍数，稀释液可按表2配方制作。

表2 精液稀释液配方

方别	配方
配方1	胺基乙酸1.82克，柠檬酸钠0.72克，卵黄5毫升，蒸馏水100毫升
配方2	胺基乙酸2.1克，卵黄30毫升，蒸馏水70毫升，青霉素40万单位
配方3	葡萄糖6.8克，甘油2.5毫升，卵黄0.5毫升，蒸馏水97毫升
配方4	柠檬酸钠1.16%，甘氨酸0.75%，卵黄20%，甘油5%，葡萄糖1%，青、链霉素各40万单位，加蒸馏水至100%
配方5	三羟甲基氨基甲烷2.4克，果糖1克，蒸馏水80毫升
配方6	牛乳100毫升（煮沸），柠檬酸1.3克，卵黄20毫升
配方7	依地酸钠185毫克，碳酸氢钠60毫克，柠檬酸钠187.5毫克，链霉素50毫克，蒸馏水50毫升
配方8	2.9%柠檬酸钠液75毫升，卵黄20毫升，甘油5毫升

注：如冻精需每100毫升加甘油5毫升

稀释后的精液放在37℃～38℃恒温箱中保存，一般不超过2小时，如下午要用，要在15℃～20℃条件下保存；如果几天以后用，则用低温保存办法，即在4℃～5℃条件下保存；冷冻精液要在－79℃～－196℃保存，即将稀释好精液加5%甘油后，冻成颗粒（在纱网上），用时解冻后输精，但目前因受胎率较低，多不采用。

2. **输　精**

国内都用站立输精法，主要器材，除输精针和扩张管外，要有恒温箱、恒温水浴锅、高压灭菌器等。芬兰的输精针尖部稍有小弯，而尖端较锐，易伤子宫颈，经锦州金源养殖有限公司改进尖端为小圆球状形，用高科技材料制成，较为适用。

输精时，将外阴部表现已到发情期的母狐，用公狐试情，完全接受公狐交配的母狐，放在保定架上，并呈站立姿势。输精员将母狐号记好，用哪号公狐的精液输精，做好记录。先将母狐外阴部用消毒巾擦好，将严格消毒好的扩张管插入狐的阴道内，输精员左手隔腹捋住子宫颈处，右手将输精针从扩张管插入阴道内，并从子宫颈口将输精针头插入子宫内3厘米左右（有经验的输精员根据手感即知是否插入子宫内），将精液注射到子宫体内。每次输精的精子量不低于3 000万个，0.5～1毫升。输精针见图4，输精操作方式见彩页。

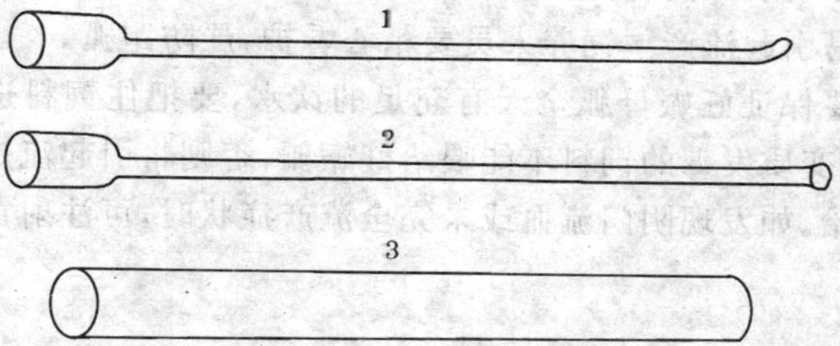

图4　输精针示意图

1. 芬兰输精针　2. 改进后的输精针　3. 扩张管

输精的时机，观察狐外阴部到发情持续期时，试情放对，母狐完全接受试情公狐交配为准。要求输精 3 天（每天 1 次）。每次输精后为了避免子宫颈发炎，要肌内注射 1 次消炎药。最近报道，在准确发情条件下，可实行 2 次输精法，效果也较好。

三、狐的妊娠和保胎

母狐交配后，精卵结合形成合子，即进入妊娠期。狐的平均妊娠期为 52(49～58)天。妊娠前期，胚胎发育较慢，后期发育较快。30 天后即可看到狐的腹围增大并稍有下垂，越到后期越明显。妊娠期由于胎儿的发育，母狐新陈代谢旺盛，食欲猛增，体重也相应增加，毛色也显得光亮。在行为上则表现出温驯、胆小，对周围异物、异声反应敏感，行动迟缓，喜欢卧着休息和晒太阳。

为了保证母狐的正常妊娠，除保证妊娠期营养外，要求场内安静，杜绝一切机动车辆出入，停止一切场内修建，防止生人和参观者入内。防止意外惊动（炸药炮声和鞭炮声等）发生，否则易引起流产。饲养人员要精心看护，严防跑狐。

要保证妊娠母狐全天有充足的饮水，要把住饲料进场卫生关，变质发霉的饲料不能喂给妊娠狐，否则将引起流产和死胎烂胎。如发现阴门流血或未完全流产症状时，可注射黄体酮保胎。

四、产仔保活措施

狐经 52 天妊娠期就可产仔，在预产期前 5～7 天要对产箱和笼网进行消毒，一般用火焰（喷灯）消毒，并铺以柔软垫草，垫草应事先放在日光下进行紫外线消毒。在寒冷北方即东北、内蒙古及新疆北部，垫草要四角压实，人工造窝；在低纬度的河北、山东，垫草则不用铺得太厚。母狐有 4～6 对乳头，妊娠后期乳腺区从前到后逐渐发育，临产前由于乳腺高度发育的刺激，母狐大部分能自行拔掉乳头周围的毛，露出乳头，以利于初生仔狐吮乳。但个别母狐也有不拔毛的，饲养员发现后要人工拔毛，从后往前来拔，很容易拔掉。

狐产仔前均有预兆，一般表现拔毛、停食、活动反常。即平时不活动狐，此时不安，频繁出入小室；平时爱活动狐，此时表现安静，母性较强的狐，当产前遇到风寒天气，常用垫草将产箱门堵上，有的母狐有叼草现象。发现上述情况，预示母狐将要临产。

产仔时间多数在夜间或清晨，也有在白天产的。分娩的全过程可持续 1～6 小时，多数为 2～3 小时。胎儿出生后，多数母狐都能自行将胎衣剥下吃掉，断掉脐带，并舔干胎儿身上粘液。仔狐出生后即能吮乳，哺乳期为 8 周，多数母狐在正常营养条件下都能精心照顾仔狐，但个别初产母狐、无乳或未产完（包括死胎和活的）母狐出现不关照仔狐的现象。因此，要求本群饲养员在产后 12～24 小时之内要查看母狐产仔情况：一是胎儿是否有未剥胎衣和脐带未断者；二是母狐乳房周围未拔毛者；仔狐是否吃上奶；三是有无死胎；四是母狐是否完全产完仔。发现上述情况，要分别采取不同措施进行处理：其一，胎儿未剥胎衣者，要人工剥掉胎衣，并用脱脂棉擦掉胎儿身上粘液，断掉脐带并用碘酊消毒，如果胎儿停止呼吸，可进行人工呼吸抢救；其二，未拔毛者，可人工由后向前拔毛，露出乳头，以利于仔狐吮乳；其三，仔狐吃奶与否的判断，吃上奶的仔狐，一般不叫，集堆而卧，嘴巴黑，腹部饱满，身体温暖；反之仔狐分散于四面八方，腹部干瘪，不断嘶叫，这说明母狐母性不强，不会照顾仔狐，仔狐未吃上奶，或母狐可能无乳，或可能母狐有病，无力照顾仔狐，还可能母狐产仔未完，腹中还有仔狐(多数为死胎)，不能照顾仔狐，母狐未拔掉乳房周围的毛，仔狐吃不上奶。

凡母狐不能哺育仔狐者(包括母狐死亡及某种原因弃仔者)；银狐产仔 10 头以上，北极狐产仔 14 头以上，多出乳头数的仔狐，都要找奶娘代养。奶娘的母性要强，产仔少，产仔时间与代养仔狐基本一致。代养方法，将代养仔狐身上用奶娘窝中的垫草擦拭，或用奶娘尿涂到被代养仔狐身上，使代养仔狐与奶娘窝中仔狐气味一致，并将两窝中的仔狐充分混合好，多余奶头的仔狐，要选择大而健壮的拿出来代养，能够抢上奶吃成活几率高。在代养处理中，饲养人员一定耐心，细致工作，争取 1 次代养成功。未产完仔的母狐，先将已产的仔狐移到保温纸箱中，对母狐打催产素进行催产，待剩在腹中胎儿产出后，再将仔狐送回窝中，由母狐自己哺育。有病的母狐要进行对症治疗，以保老母狐不受损失。如果饲养的头数少，找不到奶娘，亦可找貉、犬或猫代养，但产期也应一致，方法与上述相同。人工哺乳也有成功者，用牛、羊奶定时哺育，但仔狐发育缓慢，易发育畸型，所以，最好的办法还是找狐奶娘。

在哺乳期还应注意，狐场尽量保持安静，杜绝外人参观和机动车出入场内，特别是噪声大的车辆，更不能进出。也要防止意外声响，如炸药爆炸声和鞭炮声，否则易引起母狐吃仔。雷雨天气，特别打炸雷时要将母仔分开，否则将遭到不可想象的损失。场内饲养人员不要乱窜看别群仔狐，只照顾好本群狐就可以了。一利于动物少受惊动，二利于防疫。要保证产仔母狐全天候的饮水供应，这对产奶、育狐和防暑都有好处。

五、生殖激素在狐繁殖中的应用

生殖激素是有关内分泌腺细胞分泌的化学活性物质，一般分泌量很少，但却有显著的生理效应。所以，自 20 世纪 60 年代以来，科技工作者开展了极为广泛的对生物激素的深入研究，特别是在大家畜繁殖技术的应用方面，如发情控制、超数排卵、诱发分娩和性成熟控制等，都取得了突破性进展。在毛皮兽繁殖方面，有些发达国家也做了较深入的研究，主要是在促进性成熟、促进滤泡成熟、同步发情、促进排卵、促进毛皮提早成熟等方面做了大量工作。对狐主要有以下几种。

（一）孕马血清促性腺激素（PMSG）

它是一种比较特殊的促性腺激素。由糖蛋白结构组成，在孕马血清中提取而来。具有促卵泡素（FSH）和促黄体素（LH）两种活性。因此，具有促滤泡成熟和促排卵的作用。近年来，在大家畜人工授精和胚胎移植技术方面，常用 PMSG 促同步发情和超数排卵。对狐主要用在促进发情、排卵及人工授精时同步发情技术上。成年母狐初情前或初情期，每头可用 100～500 单位。此激素在毛皮兽方面很少应用。

（二）促卵泡素（FSH）

促卵泡素又叫卵泡刺激素或促卵泡成熟素，它是由脑垂体前叶分泌的一种糖蛋白促性腺激素。FSH 主要作用于卵泡，促进卵泡发育、成熟、排卵及分泌雌激素。在配种后注射 FSH，可使排卵数增加。FSH 还能促进生精，有增强促黄体素

(LH)刺激雄激素分泌的作用。剂量可按产品说明使用。

(三)人绒毛膜促性腺激素(HCG)

是人和高等动物灵长类胎盘分泌的一种糖蛋白激素。它的主要作用是使月经黄体转变为妊娠黄体;促进性腺产生睾酮,促进雄性生殖器官发育;促进卵泡发育及排卵。因此,它是对雌雄动物均有促进发情作用的激素。我们于1994～1995年利用HCG进行促进北极狐和水貂同步发情的试验,效果较为良好。在使用HCG促进母狐发情时,其发情与自然发情的外阴部变化一致,均在处理后的4～5天母狐外阴部开始肿胀,6～10天发情达到发情持续期,能够顺利达成交配,产仔率为30%～60%。每头用量200～250单位。但不是所有母狐都有作用,年龄必须达到接近性成熟年龄,接近标准体况才有效。水貂用50～100单位,效果比北极狐更好。一般多在配种后期对发情较迟的母狐或难配的水貂使用。但北极狐使用时不迟于4月中旬,水貂要在3月16～17日使用较为适宜。

(四)促黄体素释放激素(LRH)

它是丘脑下部神经激素。最初应用在鱼的催产上;以后用在家畜的诱发排卵上;在毛皮兽最早用在水貂促进排卵上。我国在紫貂上用LRH,使其繁殖力提高50%。为了使狐提高繁殖力,可在交配后或人工授精后肌内注射8～10微克,或应用HCG促进发情受配后(或人工授精后),注射LRH以促进排卵受孕。

(五)褪黑激素(MLT)

又称黑色紧张素或降黑素。它是一种吲哚类物质,是由松果体腺体分泌的。目前研究情况表明，褪黑激素的主要作用是能促进雄性睾丸发育。此外在长日照条件下埋植褪黑激素，可使动物除性器官变化外，可提早换毛。国外有人在6～8月份给银黑狐（公狐）埋植MLT 40毫克，11月份采集精液冷冻，待到第二年繁殖季节给北极狐母狐输精，10头母北极狐9头产仔，胎平均产仔7.6±0.5头。同样给狐（6～8月份）埋植MLT，可使毛皮提早成熟6周（1～2个月），这对一个养狐场家，可节省一部分饲料费。但埋植MLT后一定要给予冬毛生长期饲料，才能达到获得好的毛皮和增产的目的。但激素皮比不埋褪黑激素的皮价格低15%～20%。

六、提高狐繁殖力的措施

影响狐繁殖力的因素很多，主要是遗传、营养及环境等因素。因此，要想提高狐的繁殖力，必须采取综合性的技术措施。

（一）培育品质优良种狐群

无论是新建场，还是养狐多年的老场，在引种或串换种狐时，必须引入高产的品质优良的种狐，因为只有良种狐才能生产出优质的后代。实践中往往引入的种狐并不理想，这就要在实际工作中不断选育提高。具体做法就是不断淘汰那些生产性能低、母性差、毛色也差的种狐及其后裔，而保留那些生产性能高的优良种狐及其后裔，经过3～5年精选和淘汰，就会使狐种群品质大为提高。一个好的狐场其狐的种群组成，应该是2～4岁的优良种母狐占70%～80%，预备幼狐只能占20%～30%，才能保证稳产高产。狐的性成熟年龄为9～11个月龄，为此引种或留种时，银黑狐要 4 月 10 日以前出生的，北极狐要 5 月 20 日以前出生的。否则出生晚，翌年达不到性成熟年龄，因而不能发情受配，当然也就不能产仔了。

（二）加强饲养管理

优良种狐或新引进的芬兰北极狐，如果饲养管理跟不上，也不能充分发挥良种潜力和效益。因此，按狐不同时期不同的饲养标准饲养狐，是提高狐繁殖力的必备条件之一。前几年在基层了解到，有些场家或个体户有什么喂什么，没有动物性饲料就用玉米面代替；也有的场家用含蛋白质很低，而且含必需氨基酸很少的鱼头或鱼排养狐，结果狐到发情季节不发情，使大批种狐空怀。我们一定要记住这些教训，除按标准饲养外，还要给予标准量的维生素和无机盐，才能收到良好的生产效果。

临近配种期要使狐达到正常的繁殖体况，对狐的繁殖极为有利，能够使狐正常发情配种。正常繁殖体况，即公狐要达到中上等肥度，母狐达到中等肥度。亦可用体重指数来表示[体重（克）：体长（厘米）]，公狐要达到 90～100 之间；母狐要达到 85～95 之间。一个好饲养员饲养一群狐在喂食时，用打食多少来调整饲养的狐群体况，肥的减食，瘦的加食，使饲养的狐群在配种前达到肥度中等均衡一致，才能提高整群繁殖力。

（三）良好的环境条件

适宜的光照、温度、湿度是狐繁殖不可缺少的条件。而光照是繁殖最重要因素之一，因为狐是一年 1 次繁殖动物，它的繁殖受年光照周期制约。当秋分日照开始逐渐短时，狐的生殖器官开始慢慢发育，随着光照由缩短到转为延长，2～3 月份银黑狐和北极狐分别进入发情交配期。为此，在秋分后要把种狐和预备狐与皮狐分开饲养，除种狐饲养水平要高一些外，要将所有种狐摆放到向阳侧接受自然光照。

由于光照因地理纬度不同而异，繁殖季节由高纬度地区引种到低纬度地区，发情配种会推迟。对狐的繁殖，特别是银黑狐还要求有一个安静环境，这对繁殖十分重要。

（四）增强母狐排卵和卵子受精的能力

狐是自发性排卵动物，其排卵数多少取决于遗传，当然也与饲养条件及环境条件有关。北极狐平均排卵为 14(1～25)枚，银黑狐平均排卵 7(1～10)枚。为了促进母狐多排卵，除了从遗传上选择高产狐及其后裔留种，提高饲养水平外（包括按标准给予维生素 E），可在交配后立即注射促进排卵的激素，如高效能的促卵泡素、促黄体素释放激素和人绒毛膜促性腺激素。但从促进排卵的作用看，应该说促黄体素释放激素作用较好，从理论上说目前搞人工授精，授精后立即注射促黄体素释放激素会提高繁殖力。但激素绝不可滥用，一定要少量试验后，摸清使用量和注射时间后，再应用为妥。

狐的繁殖力高低，还取决于母狐排卵后受精卵的多少。据报道，北极狐受精卵占排卵总数的 40%～80%，胚泡在植入（着床）前损失率为 10%～30%，植入后损失率为 15%～20%。1 岁银黑狐胚胎死亡率为 21%～39%。受胎率的高低除受遗传因素影响外，与配种时间、精液品质、饲养水平及环境有着密切关系。因此，无论是本交还是人工授精，都要求良好精液品质，这就需要进行精液品质检查。凡本交者，需要用具有优良精液品质的公狐交配；人工授精，发现不合格精液，绝不输精。母狐配种和妊娠期的饲料，应当是新鲜、全价、易消化和适口性强的，当然不应缺少促进繁殖的维生素E，以保证狐正常排卵和着床，切记发霉变质的饲料绝不能喂给妊娠狐，以防止发生死胎、烂胎或胚胎被吸收，以及流产的发生。另外一个因素，就是要给妊娠母狐创造一个安静环境，防止意外惊动发生（如鞭炮声），对提高产仔成活率很重要。

（五）防止种狐发生疾病

犬瘟热、加德那氏杆菌病、布氏杆菌病和钩端螺旋体病等，都是直接影响狐繁殖力的重要疾病。因此，要通过检疫和免疫接种，淘汰病狐，净化狐群，以减少疾病对提高繁殖力的影响。

（六）依照狐的繁殖特点采取不同技术措施

狐（包括银黑狐等系列彩狐）发情进程快，而且持续时间短（2～3天），其排卵是在进入持续期后12～24小时；北极狐发情持续期长（3～5天），排卵是在进入发情持续期后的60～72小时。而狐的精子在母狐生殖器官中仅能存活24小时。另外，狐属种狐在发情非持续期时很难达成交配。因此，银黑狐达到发情持续期时要及时放对试配，并连日交配1～2次。而北极狐发情达到持续期后，可延缓半日或1日后交配，并要复配2～3次，但也不要复配过多，过多易增加细菌感染机会，容易造成空怀。另外，北极狐母狐在达不到发情持续期时，用强悍的公狐能够配上，这在无经验的大型狐场饲养员为攀比配种进度，常出现此种情况，而造成大批空怀。为了提高生产力，一定要杜绝上述情况发生。北极狐一定要到发情持续期后交配。

（七）加强妊娠期饲养管理和产仔保活

妊娠期是狐 1 年当中营养水平最高时期，所谓最高水平，除要求每 418 千焦代谢能具有 11 克的可消化蛋白外，蛋白质要全价、新鲜、适口性强，发霉变质饲料绝不可喂妊娠狐，以减少流产和死胎、烂胎出现。母狐在妊娠期应注意防止意外惊动，如爆炸声、鞭炮声，否则易引起流产。

产仔后要及时检查产仔情况，尽量做好产仔保活，减少仔狐死亡。保持场内相对安静，也要防上意外声响发生，否则会造成母狐吃仔现象发生。

第七章　狐的育种

一、育种的意义

银黑狐于 1883 年人工饲养繁殖成功时并不像现在银黑狐这样标准，经过 100 多年各国饲养者精心培育才呈现目前的标准体型。不仅毛皮质量在原来的基础上大为改进，而且体型变得大而健壮，繁殖力也大幅度提高。世界养狐业比较发达国家，都制定有狐选种和育种的标准。如原苏联在 20 世纪 50 年代提出银黑狐的鉴定标准，培育出苏联银黑狐。他们不仅重视毛绒品质、生产指标（繁殖力），而且对银黑狐尾部白色毛都有要求（色泽、长短及形状）。加拿大制定了种狐的活体测定标准，对毛的色泽、清晰度、质地、密度划分了等级。美国也有类似标准。但北美选种标准对躯体毛绒品质较为重视，对尾巴毛没有具体要求。美国在选择母狐时把哺育能力作为选择的主要内容之一。我国在 20 世纪 50 年代养狐时采用原苏联标准，在育种过程中，胎平均产仔比原苏联标准有所提高，银黑狐由 4.31 头提高到 4.62 头，体重和体长也有所增加。

总之，银黑狐经过 100 多年的培育，狐逐渐适应了家养环境，体型大了，繁殖力提高了，并按着人们需要的方向，毛绒品质大有改善。通过杂交育种，目前已出现几十种彩狐新类型，来满足不同客户需求。

二、育种的目的和方向

（一）育种的目的

育种的目的就是不断改善现有种群品质，扩大优良个体数量，最终目的是改进毛皮品质，培育出适合本地的优良品种。

（二）育种方向

引入的种狐，可能有很多不尽人意的地方，如毛色杂、繁殖力低、适应性差及体型小等。育种方向就是通过有目的地选择，采用合理选种选配或杂交手段等，培育出毛绒品质好、体型大、繁殖力高、生命力和适应性强的优良种群，进而培育出我国狐（银狐和北极狐）的新品种或新彩型的狐种。

三、狐的选择

选择是指选那些人们所需要保留的类型个体，使其有增加繁殖的机会；让淘汰类型的狐繁殖机会减少或完全被剥夺。换句话说，就是使选留类型的个体基因频率增多，淘汰类型个体基因频率降低，逐渐使群体优良的类型不断增加和改善。

（一）银黑狐选择标准

1. 选择项目和指标

（1）银毛率　依狐身上银毛所占的面积而定。如银毛分布由耳根至尾根者为100％；由肩胛至尾根者为75％；由耳之间至尾根的一半者为50%;由耳之间至尾根的1/4者为25%。

(2)银毛强度　银毛强度是按银毛分布的多少和银黑狐毛上端白色部分(银环)的宽窄来衡量的,可分为大、中、小3类,银色毛越宽,银色强度越大,银色越明显。

(3)银环颜色　可分为纯白、白垩色、微黄或浅褐3种类型。

(4)银环宽度　可分为宽(10～15毫米)、中(6～10毫米)和窄(6毫米以下)3类。

(5)雾　针毛的黑色毛尖露在银环之上,使银黑狐毛皮形成雾状。如黑色毛尖很小,称为轻雾;黑色毛尖大,而银环窄且位置较低,称为重雾。

(6)黑带　在脊背上针毛的黑色毛尖和黑色定型毛形成黑带。有时这种黑带虽不明显,但用手从侧面往背上轻微滑动,就可看清楚。

(7)尾　尾的形状可分为圆柱形或圆椎形。尾的白色部分,可分为大、中、小3种;其颜色分为纯白、微黄或掺杂有黑色3种。

2. 银黑狐个体鉴定标准

狐体型及毛绒品质鉴定标准见表3。

表3　狐体型、毛绒品质鉴定标准　(原苏联标准)

项　目	指　标		
	一　级	二　级	三　级
银黑狐鉴定标准综合印象	优秀	良好	一般
躯干和尾部毛色	黑色	阴暗	较差
银毛的百分数	75～100	50～75	25～50

续表 3

项　目	指　标		
	一　级	二　级	三　级
银毛颜色	珍珠白色	白色	微黄色
体　型	大而健壮	中等健壮	较小
体　长	母＞63 厘米 公＞66 厘米	母 62～63 厘米 公 65～66 厘米	母＜62 厘米 公＜65 厘米
银色强度	大	中等	小
银环大小	宽(12～16 毫米)	中等(8～12 毫米)	窄(8 毫米以内)或过宽(超过 15 毫米)
雾	正常	重	轻
尾的毛色	黑色	阴暗	暗褐色
尾端白色大小	大(8 厘米以上)	中等(4～8 厘米)	小(4 厘米以内)
尾末端形状	宽圆柱形	中等圆柱形或粗圆锥形	窄圆锥形或圆柱形
躯干绒毛颜色	石板色或浅蓝色	深灰色	灰色或微灰色
背的黑带	良好	微弱	没有
北极狐鉴定标准综合印象	超等	较优良	一般
躯干和尾部毛色	浅蓝色或淡浅蓝色	蓝色或浅蓝色带有黄褐色	褐色或带有褐色或白色
光泽强度	大	中等	微弱
体　型	优良健壮	较优良健壮	良好
体　长	母＞60 厘米 公＞63 厘米	母 57～60 厘米 公 60～63 厘米	母＜57 厘米 公＜60 厘米
尾部毛绒颜色	与躯干毛色一致	带有褐色色调	褐色或浅色

续表 3

项　　目	指　　标		
	一　级	二　级	三　级
针毛长度	正常	很长	短
针毛密度	稍密	不很稠密	稀少
毛的弹性	有弹性	柔软	粗糙
绒毛缠结性	没有	轻微	不大、全身都有

(1)体型鉴定　采用目测和检测相结合的方式进行。银黑狐体长要在 65～70 厘米;体重 5～6 千克。

(2)繁殖力鉴定　成年公狐,睾丸发育良好,交配早,性欲旺盛,交配能力强,当年交配 4～5 头母狐,交配次数在 10 次以上,精液品质优良,所配母狐产仔率高,胎平均产仔数多,生活力强,年龄在 2～5 岁,反之应淘汰。

成年母狐,应选择发情早(2 月末以前)、性情温驯、胎平均产仔数多、母性和泌乳力强、所产仔狐成活率高的留做种用。凡生殖器官畸形、发情晚、性能力差、母性不强、无乳或少乳、仔狐成活率低、胚胎吸收、流产、空怀、死胎烂胎、难产,有食仔狐恶癖,以及经常食欲不佳者,均应淘汰。

(3)当年幼狐　要选择那些出生早(4 月中旬以前出生)、发育良好、同窝仔狐在 6 头以上、性情温驯、生殖器官发育良好、健康、毛绒品质一级的留做种用。

(4)谱系鉴定　是根据种狐祖先的毛绒品质、生产性能来判断其种用价值,这对考察留做种用的幼狐甚为重要。可将其 3 代以内亲缘关系归在一起,分析每个亲属主要特征、毛色、体型、繁殖力,进行比较,找出优良个体留做种用。初选主要依祖先选留。

(5)后裔鉴定　根据种狐后裔毛色和生产性能，来考察种狐品质、遗传性能、种用价值。可用其后裔与亲代，不同后裔之间、后裔与全群等比较方法进行。

(6)同胞测定　狐是多胎动物，在生产中常采用被屠宰的同胞毛皮质量来判定狐的种用价值。具体标准如下。

①尺码(自鼻尖至尾根)　00级　106厘米以上

0级　97～106厘米

1级　88～97厘米

2级　79～88厘米

3级　70～79厘米

②等级　特级　色泽美观，质量、质地优良

A级　质量非常好，质地中等

B级　质量好，质地粗糙

C级　质量一般，质地粗糙

D级　质量差

③毛色等级　1级　质量优良，颜色清晰

2级　颜色有轻微缺陷

3级　有明显缺陷

4级　色泽很差

种狐各项鉴定材料，要登记在种用狐卡片上，作为以后选种选配的依据。

(二)北极狐选择标准

目前，国内还没有北极狐的选择标准，根据传统经验，可参照以下各项内容.亦可参考表3北极狐标准有关部分(原苏联标准)。

1. 毛 色

蓝色北极狐，要求全身浅蓝色，即浅化程度大，毛被无褐色或白色斑纹。白色北极狐，要求被毛洁白，不带任何杂色，底绒灰色。影狐，除在脊部、头部有褐色斑纹外，其他部位均为白色。

2. 毛绒品质

要求针毛平齐、丰满而有光泽，无弯曲，取皮时长度在 40 毫米左右，针毛占总毛数量的 2.9%以上；绒毛色正，长度在 25 毫米左右，密度适中，以毛在外观上呈灵活感为佳。反之绒毛过密或稀短，不宜留作种用。要求无缠结毛。

3. 体 型

要求留种的 6 个月龄公狐体重达到 5.1 千克以上，体长达到 63 厘米以上；母狐体重达到 4.55 千克以上，体长达到 61 厘米以上。

4. 其他条件

成年公狐，要配种能力强，精液品质好，择偶性不强，无恶癖和疾病，所配母狐产仔率、成活率高的；成年母狐，要求胎平均产仔 8 头以上，母性强，泌乳力强，无吃仔恶癖，对环境不良刺激(声音、气候、颜色、气味等)过于敏感者不宜做种用。但无论成年公狐或母狐，其利用年限不能超过 6 年。

幼狐的预备种狐，要选留出生早(5 月 20 日以前出生的)，同窝仔狐数多(8 头以上)，其父母遗传性稳定，其母泌乳力和母性强的，毛色浅化程度大，浅蓝色的留做种用。

四、狐的选择程序

狐的个体选择步骤，分为初选、复选和精选。

(一)初　选

在断乳后，主要根据其祖先生产性能进行选择，将双亲生产性能优、出生早且发育正常的留做种用。初选幼银黑狐公狐应当是4月5日前出生的，母狐应是4月10日前出生的；初选北极狐应是5月20日前出生的。初选时应按留种计划多留40%的数量。

成年狐公狐选种在配种后进行，成年母狐的选择要在所产仔狐分窝后进行。对那些配种能力差、精液品质不良的种公狐应作淘汰处理。种母狐要选那些产仔多(银黑狐在6头以上，北极狐在8头以上)，母性强，泌乳力强，哺乳的幼狐发育正常，而且发情较早(银黑狐在2月初，北极狐在3月初)的，留做种用。反之应该淘汰。

(二)复　选

应在8～9月份进行，此时对那些体力恢复差、换毛迟的种狐，应列在淘汰群内，换毛早且快的个体用于明年繁殖；反之，换毛迟的不能留做种用。选择发育良好的幼狐补充狐群，其留种数量应比计划多留20%～30%。

(三)精　选

狐的精选在取皮前进行，根据个体品质、祖先品质记录和后裔品质好坏，并侧重于毛皮品质，严格选留，对那些发育不良、有病的一律淘汰。也要多留1%～2%，以便补充配种前种狐的损失和售出的数。

大型饲养场可采用群体选择方法，即从某些优秀群中(多属育种核心群)挑选种狐，来充实其他品质欠佳的种群，以达到提高整个种群质量的目的。当然，优秀种群是经几代个体选择和淘汰而培育的，在毛色质量、繁殖力及适应性上均达到优良水平的种群。但也不是个个都选留，也要淘汰那些生长发育差、有缺陷的不良个体。只有这样，才能提高整个狐群品质。

五、狐的选配

选配是有意识、有计划决定交配组合，而不是胡交乱配。选配的主要意义和作用在于避开近亲交配，并为有目的育种创造条件。如交配双亲亲缘关系较远，遗传基础差别较大，产生的后代与双亲性状不同，从而发生变异，这有可能创造出新的类型。对遗传相近的公母交配，可继续稳定其遗传性。当出现某种有益的变异性状时，可通过选配来强化这种变异，久之亦可培育出新的类型。

（一）品质选配

品质选配是依狐的毛绒品质、体型和生产性能等进行选配。

1. 同质选配

同质选配是选用性状相同、生产性能一致，或者育种值相似的优秀公母进行交配，以获得相似的后代。换句话说，就是相近的优质公与优质母进行交配，其主要目的是使亲本的优良性状稳定地传给后代，当然也有保存、巩固和提高的作用。

不过，实践中不一定完全如愿，要考虑表型性状与遗传基因的关系，有些二者是一致的，有些二者是不一致的。因此，选配后还要检验选配效果，使其尽量达到合理的选配目的。

2. **异质选配**

异质选配是不同性状的个体间选配。这种选配可分为两种：一种是选择具有不同优异性状的公母交配，以期将两个优异性状表现在同一个体上，而获得兼有双亲优点的后代；另一种是选择同一性状的、优劣差异较大的公母交配，以期用良好性状纠正不良性状，使后代得到较大程度的改善。例如选用毛绒密度好的狐与毛绒平齐的狐相配，期望获得毛绒丰厚、被毛平齐的后代，这属于前者；又如用一头体型小的狐，与其他性状同样优秀的、体型大的个体相配，目的是使后代体型有所增大，属于后者。

（二）亲缘选配

亲缘选配是指交配双方血缘关系远近的选配。近则称为近亲交配，远则称为远亲交配。在生产实践中，为防止出现繁殖力降低，后代生命力弱，体型变小，畸型、怪胎及死亡率高等现象，尽量防止近亲交配。但在育种过程中，为了使优良性状固定，去掉有害基因，必要时也常采用近亲选配方式。

六、狐的育种方法

（一）本品种选育

本品种选育，一般指在品种内部，通过选种选配和品系繁育手段，改善本品种结构，以提高该品种性能的一种方法。它的含义较广，应用当中也比较灵活。

当品种的生产性能已达到较高程度，体型外貌及毛色比较一致时，为了保持和提高该品种的种群特性，常采用本品种选育的方法。对引入品种适应和风土驯化过程中的选育和提高，对地方品种资源的保存等，也采用此法。

本品种选育的原则，除要保持原有的独特优点和特有性能外，还要克服本品种的缺陷。选种和选配密切结合。对由于近亲繁殖而出现的生活力下降及繁殖力降低等现象，要严格选种，控制近交程度。本品种选育必须在良好饲养条件基础上进行，才能收到良好效果。否则，不仅原有品种的优良性状发挥不出来，而且有可能出现性能下降的退化现象。

目前我国的狐都是由国外引入的，要在风土驯化基础上，逐渐选育提高。对于从 20 世纪 90 年代以来引入的芬兰狐，应在风土驯化、逐渐适应我国环境的基础上，加强选育提高工作。否则完全有可能出现退化现象。

(二)杂交育种

杂交育种，是指两个或两个以上品种的公母狐的交配，丰富和扩大群体的遗传基础，再加以定向选择和培育，经过若干代选育后，就可以达到预定目标，形成新品种。

参加杂交的品种要有生产性能好、抗病力强、体型大等优点。为使杂交后代所获得的优良性状及特点得到巩固和发展，必须保证培育条件和饲养条件，对杂交后代饲养水平要一致，要严格按选种指标选种。当杂种后代各项指标达到时，应及时进行性状固定工作。

简单的杂交育种，是通过两个品种杂交来培育新品种的方法。由于用的品种少，遗传基础相对比较少，因而获得理想类型和稳定其遗传性比较容易，所以用的时间短。但在培育前需要设计杂交培育方案，选用的品种其遗传基础要清楚，杂交方式、培育条件及整个工作内容及工作进度、预计目标等，都要有一个完整的设计方案，这样有助于目标的完成。

复杂杂交育种，是多品种杂交培育新品种方法。由于遗传基础较多，杂交变异范围较大，需要培育时间较长。以哪个品种为主，使用另外几个品种先后，都要经过估计或试验确定，因为后使用的品种对杂交后代影响作用最大。

七、狐的毛色遗传

野生型狐的毛色为红褐色，人们习惯称为赤狐。1860 年加拿大的 Dahton 和 Oulton 捕到野生赤狐的变种狐黑色狐，这种黑色狐就是现在的银黑狐，又称银狐。银黑狐 1898 年繁殖成功，1912 年在加拿大进行企业化经营。最早出现的彩狐是在 1937 年，是由北欧的挪威培育的银黑狐出现的毛色淡化变异种——白金狐。白金狐的出现当时轰动了整个毛皮界，从此开始了彩狐育种史，60 多年来彩狐发展很快，北美和北欧一些养狐发达国家饲养有 30 多种彩狐。狐的毛色变异在自然条件下，其突变率为十万之一到百万之一。现在出现的彩狐多数是由杂交而来的，特别有了狐的人工授精技术后，这样就比自然突变快得多了。

（一）狐属的毛色遗传

狐的毛色遗传是由毛色基因决定的。其基因符号有美国系统（表 4）和北欧斯堪的纳维亚系统（表 5）。两个系统基本一致，但在白色突变种上有不同观点。美国系统认为，白金狐、白脸狐、北极大理石狐和乔治白狐的毛色遗传分别由复等位基因控制，而北欧斯堪的纳维亚系统认为，以上 4 种白狐的毛色遗传分别由不同点的基因控制。

表 4　美国狐的基因系统

狐色型名称	基　因　符　号							
赤　狐	AA	BB	WW	PEPE	PMPM	BrFBrF	BrCBrC	gg
阿拉斯加银黑狐	aa							
银黑狐		bb						
白金狐		bb	WPw					
白脸狐		bb	Ww					
(东部)珍珠狐		bb		pEpE				
Marsfield 珍珠狐		bb			pMpM			
巧克力狐		bb				brFbrF		
Colicott 棕色狐		bb					brcbrc	
北极大理石狐		bb	W^mw					
北极大理石白狐		bb	W^mW^m					
蓝宝石狐		bb		pEpE	pMpM			
金黄狐		Bb						Gq

注：表中空白符号处,同赤狐基因符号

表 5　斯堪的纳维亚狐的基因系统

狐色型名称	基　因　符　号							
赤　狐	AA	BB	CC	GG	EE	PP	SS	WW	MM
阿拉斯加银黑狐	aa								
银黑狐		bb							
白化狐			cc						
巧克力狐		bb		gg					
Colicott 棕色狐		bb			ee				
珍珠Ⅰ狐		bb				pp			
珍珠Ⅱ狐		bb					ss		

续表 5

狐色型名称	基因符号								
白脸赤狐								Ww	
日光狐									Mm
日光白狐									MM
白脸狐		bb						Ww	
白金狐		bb						$W^{P}w$	
乔治白狐		bb						$W^{G}w$	
北极大理石狐		bb							Mm
北极大理石白狐		bb							MM
蓝棕狐		bb			ee	pp			
金晖狐		bb		gg		pp			
蓝宝石狐		bb				pp	ss		

注：表中空白符号处，同赤狐基因符号

几种主要狐属彩狐毛色遗传特点分别叙述如下。

1. **银黑狐**(AAbb)**和阿拉斯加银黑狐**(aaBB)

在长期养狐实践中，人们发现分布在北美洲东部的银黑狐和分布在阿拉斯加一带银黑狐各自自繁时后代都是银黑狐。而让两地银黑狐交配时，其后代不是银黑狐，而是带黄色毛的一种色型狐，被称为银十字狐或称为红黑杂色狐，也有称作十字狐的。这种狐肩胛部的深色毛与脊柱背线(深色)形成一个交叉十字，颈部、腹部和颊部两侧的针毛带有黄色。研究证明，东西部银黑狐毛色表现型虽然基本一致，但它们是遗传基因不同的两种赤狐的变种。1937 年，美国农业年鉴报道了赤狐与银黑狐、阿拉斯加银黑狐以及它们杂交个体间进行交配后代分离的结果，并规定用 AABB 表示赤狐基因型，用 aaBB和 AAbb 分别表示阿拉斯加银黑狐和东部银黑狐的基因型。

(1)赤狐与阿拉斯加银黑狐交配

P_1　AABB×aaBB

↓

F_1　　AaBB(阿拉斯加十字狐或商品名黄金十字狐)

(2)P_1　AABB×AAbb

↓

F_1　　AABb(标准十字狐或金色狐)

当阿拉斯加银黑狐(aaBB)和银黑狐交配的 F_1 与阿拉斯加十字狐和标准十字狐交配时,F_2 代出现多种毛色的分离现象。其中赤狐、标准十字狐、阿拉斯加十字狐、银十字狐、银黑狐的比例分别为 1/16、1/8、1/8、1/4 和 7/16。

2. **白金狐**(bbW^Pw)、**白脸狐**(bbWw)**和乔治白狐**(bbW^Gw)

白金狐是银黑狐的显性变种,至今已有 50 年的历史。白金狐被毛黑色素明显减少,而呈现蓝色,颈部有白色的颈环,从鼻尖到额有一条明显的特征性白带,尾尖为白色,此狐"淡化"后近于白色。研究证明,白金狐为杂合子(W^Pw)当自交时,产仔数下降,是 W^P 基因纯合体胚胎早期死亡的原因。

白脸狐又称白斑狐。是银黑狐的白色显性变种,外貌特征有白色颈环、白嘴巴,有类似白金狐从嘴部到颈环的白带,四肢带有白斑;尾尖为白色。白脸狐自交显性基因 W 纯合个体,也有胚胎死亡现象。

乔治白狐也是银黑狐的显性变种,它是原苏联培育的一种白狐。

3. **珍珠狐**(pEpE,pMpM)

珍珠狐最早在美国获得,是银黑狐的蓝色隐性变种。毛色较淡而呈蓝色,除尾尖是白色外,没有像白金狐那样的白斑。

珍珠狐种类较多，有东部珍珠狐、西部珍珠狐、Park 珍珠狐、Cherry珍珠狐和 Mansfield 珍珠狐。前 4 种珍珠狐，其遗传资料很少，遗传性质有待进一步研究。Mansfield 珍珠狐，其毛色为蓝灰色，且略带棕色，毛色经过选种，可以使它和前 4 种珍珠狐的毛色趋于一致，但通过血液试验，可以明显区别开来。即 Mansfield 珍珠狐与其他几种珍珠狐表型性状相同，而基因型不同。我国一些饲养银黑狐的场家养有珍珠狐。

4. **白化狐**(AABBcc)

白化狐是赤狐隐性突变种。首次出现在 1938 年，被毛为白色，眼睛、鼻尖等裸露的粘膜为淡红色。

5. **棕色狐**

棕色狐有两种基因型，一种是巧克力狐(bbbrFbrF)，另一种为 Colicott 棕色狐(bbbrcbrc)。这两种色型的狐都是银黑狐的变种狐。巧克力狐被毛为深棕色，眼睛为棕色。Colicott 棕色狐被毛为棕蓝色，眼睛为蓝色。两种狐分别由不同基因控制。

(1)巧克力和珍珠狐交配

P_1　巧克力狐×珍珠狐

↓

F_1　银黑狐(携带琥珀狐基因)

↓

F_2　银黑狐　巧克力狐

珍珠狐　琥珀狐

(2)Colicott 棕色狐和东部珍珠狐交配

P_1　Colicott 棕色狐×东部珍珠狐

↓

F_1　银黑狐(携带蓝棕色狐基因)

↓

银黑狐　　Colicott 棕色狐

珍珠狐　　蓝棕狐

(二)几种狐交配后代毛色分离情况

1. 白金狐

白金狐×白金狐→67%白金狐;33%银黑狐。

白金狐×北极大理石狐→25%白金狐;25%大理石白金狐;25%银黑狐:25%北极大理石狐。

白金狐×赤狐→50%金晖狐;50%标准十字狐。

2. 巧克力狐

巧克力狐×琥珀狐→100%巧克力狐。

巧克力狐×巧克力狐→100%巧克力狐。

巧克力狐×北极大理石狐→50%北极大理石狐;50%银黑狐。

巧克力狐×白金狐→50%白金狐;50%银黑狐。

巧克力狐×珍珠狐→100%银黑狐。

3. 珍珠狐

珍珠狐×银黑狐→100%银黑狐。

珍珠狐×琥珀狐→100%珍珠狐。

珍珠狐×蓝棕狐→100%珍珠狐。

珍珠狐×冰河蓝狐→50%冰河蓝狐;50%珍珠狐。

珍珠狐×白金狐→50%白金狐;50%银黑狐。

珍珠狐×珍珠狐→100%珍珠狐。

珍珠狐×北极大理石狐→50%珍珠狐;50%北极大理石狐。

珍珠狐×Colicott 棕色狐→100%银黑狐。

4. **白 脸 狐**

白脸狐×珍珠狐→50%白脸狐;50%银黑狐。

白脸狐×白脸狐→67%白脸狐;33%银黑狐。

白脸狐×北极大理石狐→25%北极大理石白狐;25%北极大理石狐;25%白脸狐;25%银黑狐。

5. **日 光 狐**

日光狐×日光狐→50%日光狐;25%赤狐;25%日光白狐。

(三)彩色北极狐的毛色遗传

北极狐变种的彩色狐目前有10余种类型,其基因型见表6。

1. **北极珍珠狐**

它是北极狐的隐性突变种(由一对隐性基因决定),被毛尖端呈珍珠色,鼻镜及裸露的其他粘膜、皮肤为粉红色。

表6 北极狐的基因型

北极狐彩狐名称	基 因 符 号						
北极狐(蓝色)	CC	DD	EE	FF	GG	LL	ss
白化狐	cc						
白色北极狐		dd					
北极珍珠狐			ee				
蓝宝石狐				ff			
北极蓝狐					gg		
Bothnia 珍珠狐						ll	
影 狐							Ss
蓝星狐							SLs
Houqen 白金狐							SHs

注:本表为丹麦基因分类系统,基因符号空格处同于北极狐(蓝色)基因符号

2. **蓝宝石北极狐**

为蓝色北极狐的隐性突变种，被毛呈浅蓝色(蓝灰色)，针绒毛色泽相近。

3. **影　狐**

它是蓝色北极狐显性突变种。影狐的背部、额部、肩部的被毛有斑纹，其他部位均为白色。当显性基因纯合时，可导致胚胎早期死亡。因此，不能纯种繁育。现在所见到的影狐，均为杂合个体。

4. **白色北极狐**

为蓝色北极狐的隐性变种。幼狐毛色呈灰褐色，冬天为白色，绒毛为灰色。

5. **白化北极狐**

它是蓝色北极狐的隐性突变种。被毛针绒毛均为白色，裸露的皮肤和粘膜(鼻镜、唇、肛门皮肤和眼睑等)为粉红色，生命力较弱。

彩色北极狐相互交配毛色分离情况如下。

(1)蓝色北极狐(DDFFss)×影狐(DDFFSs)→50%影狐;50%蓝色北极狐。

(2)蓝色北极狐(DD)×白色北极狐(dd)→100%蓝色北极狐。

(3)蓝色北极狐(DDFF)×蓝宝石北极狐(DDff)→100%蓝色北极狐。

(4)蓝色北极狐(DD)×蓝色北极狐(DD)→100%蓝色北极狐。

(5)白色北极狐(dd)×白色北极狐(dd)→100%白色北极狐。

(6)白色北极狐(ddss)×影狐(DDSs)→50%影狐;50%

蓝色北极狐。

(7)白色北极狐(ddFF)×蓝宝石北极狐(DDff)→100%蓝色北极狐。

(8)白色北极狐(ddFF)×北极白蓝宝石狐(DDff)→100%白色北极狐。

(9)白色北极狐(ssFFdd)×影狐蓝宝石狐(SsffDD)→50%蓝色北极狐;50%影白狐。

(10)蓝宝石狐(ssff)×影狐蓝宝石狐(Ssff)→50%蓝宝石狐,50%影狐蓝宝石狐。

(11)蓝宝石狐(ffss)×影狐(SsFF)→50%影狐;50%蓝色北极狐。

(12)影狐(Ss)×影狐(Ss)→67%影狐;33%蓝色北极狐。

(四)狐属与北极狐属之间的杂交

狐属与北极狐属之间的杂交,在狐皮商品生产销售中越来越引起人们的重视。主要是其杂交后代的毛绒品质均好于双亲,它克服了银黑狐针毛长而粗的缺点及北极狐针毛短、细,绒毛厚易于缠结等缺点。杂种狐毛皮绒毛丰厚,针毛平齐,色泽艳丽,具有比双亲更高的商品价值。

1. 杂种狐的生产

杂种狐的生产,目前大都采用人工授精的技术进行,其主要原因是狐属和北极狐属的发情时间不同步,另外是由于两属狐之间体型和性情存在差异,本交有一定困难。但也不是说本交完全不行,在国外和我国都曾用本交获得过后代,只是机率小些而已。杂种狐的生产,一般采用赤狐、银黑狐及狐属系列彩狐做父本,北极狐属和北极狐系列彩狐做母本,进行人工授精杂交。若反交时则产仔数低,见表7。杂种狐因是属间杂交而获得后代，具有杂交不育现象存在。因此，无繁殖能力，只能获得高档的商品毛皮。

表7 不同杂交方式银黑狐和北极狐产仔数

交配方式	人工授精(只)	自然交配(只)
♂北极狐×♀北极狐	6.1～8.3	8.9～9.4
♂银黑狐×♀银黑狐	2.5～3.1	4.4～4.8
♂银黑狐×♀北极狐	4.4～5.9	7.7～8.0
♂北极狐×♀银黑狐	0.7～1.5	2.3～5.0

2. 杂交狐毛色分离

(1)赤狐×蓝色北极狐→100%杂种蓝狐。

(2)赤狐×影狐→50%影狐；50%杂种蓝狐。

(3)赤狐×白色北极狐→100%金岛狐。

(4)金色狐×蓝色北极狐→50%杂种蓝狐；50%蓝银狐。

(5)金色狐×影狐→25%影狐；25%银影狐；25%杂种蓝狐；25%蓝银狐。

(6)金十字狐×白色北极狐→50%金岛狐；50%北方白狐。

(7)银黑狐×影狐→50%影蓝霜狐；50%银蓝狐。

(8)银黑狐×蓝色北极狐→25%杂种蓝狐；75%银狐。

(9)银黑狐×白色北极狐→100%金岛狐。

(10)阿拉斯加银黑狐×白色北极狐→100%北方白狐。

(11)白金狐(银狐变种)×蓝色北极狐→50%白金蓝银狐；50%蓝银狐。

(12)白金狐×影狐→25%影白金狐；25%白金蓝银狐；25%影银狐；25%蓝银狐。

(13)白金狐×白色北极狐→50%白金北极狐，50%金岛狐或北方白狐。

第八章　狐的饲养

一、狐的营养需要

狐从摄入的饲料中吸取各种营养物质来维持生命活动，延续后代和生长毛绒。这些营养物质就是饲料中含有的蛋白质、脂肪和碳水化合物、无机盐和维生素等。

（一）蛋 白 质

蛋白质是构成狐机体各器官组织不可代替的材料，它也是机体各种酶的组成部分，同时也是狐的能量来源之一。狐对蛋白质需要量，从供给上既要保障狐生命活动，又要满足生产需要，多了场家在经济上不合算，因为蛋白质多了，说明动物性饲料增多，加大了成本。少了满足不了狐生命活动和生产需要。蛋白质的质量，取决于各种氨基酸的含量，即必需氨基酸的多少。对狐来讲，必需氨基酸有 11 种，它们是赖氨酸、色氨酸、组氨酸、苯丙氨酸、亮氨酸、异亮氨酸、苏氨酸、蛋氨酸、缬氨酸、精氨酸和胱氨酸。狐对可消化蛋白质的需要量在母狐妊娠、哺乳和幼狐生长期以及公狐的配种期为最高。

幼年银黑狐从 2 月龄到屠宰（7 月龄），要求每 418 千焦代谢能中保证有 7～8 克可消化蛋白质和适当含量的脂肪。日粮中蛋氨酸加胱氨酸不少于 200 毫克，色氨酸不少于 65 毫克时，对生长和换毛均有良好效果。幼狐生长期，上述氨基酸不足会导致翌年繁殖率下降或不发情繁殖。

成年银黑狐及其后备狐在夏季每 418 千焦代谢能要保证有 7.5～8.5 克，而冬季则要求 9.5～10.5 克，在上述情况下，7～10 月份每 418 千焦代谢能中蛋氨酸不少于 245 毫克；而色氨酸不少于 70 毫克，就能保证翌年繁殖正常。

幼龄北极狐，每 418 千焦代谢能要求 7 克可消化蛋白质，5 克左右脂肪，而且蛋白质中氨基酸达到平衡，就可以保证生长正常，获得优质毛皮。在上述情况下，要保证每 418 千焦代谢能有蛋氨酸 200 毫克，色氨酸 70 毫克。氨基酸不足或比例不适当，会延缓毛的生长，使毛皮的密度和厚度降低，且使毛蓬松。

种用北极狐，1～5 月间（繁殖期）每 418 千焦代谢能要保证有 10～11 克可消化蛋白质。

（二）脂　肪

脂肪由脂肪酸和甘油构成，牛、羊、猪的脂肪和鱼油及鸡油皆为狐比较好的能量来源。

脂肪酸可分饱和脂肪酸和不饱和脂肪酸。狐主要从饲料中获取不饱和脂肪酸，即亚麻油酸、亚麻酸和二十碳四烯酸（花生四烯酸）。这些不饱和脂肪酸在狐体内不能合成，而它们又是狐体生长发育必需的。当不饱和脂肪酸不足时，幼年狐呈现生长停滞，繁殖功能失调，患皮肤病及其他疾病，此种情况只有在饲料中供给 0.5％不饱和脂肪酸才能预防。哺乳的母狐和生长期的幼狐，对不饱和脂肪酸需要量要大于饲料干物质的 1.5％，或每 418 千焦代谢能中供给 0.4～0.5 克的不饱和脂肪酸。

根据狐的日粮中蛋白质和碳水化合物水平，其脂肪需要量可在每 418 千焦代谢能 2.5～2.7 克的范围之内。在混合饲料中每 418 千焦代谢能中增加到 5～5.7 克脂肪，在能量意义上可减少蛋白质的消耗，保证蛋白质在体内迅速沉积。

适量的脂肪（每 418 千焦代谢能为 4～4.5 克），肯定对狐的生产力起良好作用。在北极狐繁殖过程中，在以瘦肉和鱼为主的饲料中适量添加脂肪，也有良好作用。脂肪对幼龄芬兰北极狐生长发育更具有重要意义。

狐在繁殖期适宜的脂肪供给量不超过 12%（占干物质），在幼狐生长期，脂肪量要达到 17%，或者日粮中每 418 千焦代谢能按 3.5 克或 5 克脂肪给予。大量脂肪（占干物质的 20%～22%）虽然能促进狐的快速增长，但对毛绒质量有不良影响。

不饱和脂肪酸保存不当容易氧化，其氧化物（过氧化物、醛、酮），能引起消化功能紊乱，破坏多种维生素，如破坏维生素 A、维生素 B、维生素 C 及维生素 B_3 和生物素（维生素 B_7）等，使幼狐生长缓慢，被毛褪色和粗糙，母狐繁殖期，可引起流产和空怀及胚胎被吸收。因此，饲料要加抗氧化剂，即 100 克饲料加维生素 E 10～15 毫克和维生素 C 20～30 毫克。

（三）碳水化合物

碳水化合物来源于各种谷物，分为易消化吸收的淀粉、糖及难消化的粗纤维两种。碳水化合物由碳、氢、氧三种元素组成，其中氢、氧原子个数之比为 2∶1，与水（H_2O）分子比例一样。因此，谷物糖类饲料称为碳水化合物。如淀粉（$C_6H_{10}O_5$）、蔗糖（$C_{12}H_{22}O_{11}$）、葡萄糖（$C_6H_{12}O_6$）、纤维素（$C_nH_{2n}O_n$）x。碳水化合物是狐重要的能量来源之一，而且是最便宜的能源。适量碳水化合物能保证蛋白质和脂肪完全氧化，当碳水化合物长期供给不足时，就会破坏机体物质代谢，产生酸中毒，使狐泌乳量下降。狐一般接受碳水化合物量，应控制在饲料量的25%左右。

植物中的粗纤维狐是不能消化吸收的，但少量粗纤维还是必要的，因为它能使饲料松散，多混入消化液，促进肠的正常蠕动。一般粗纤维供给量控制在每418千焦代谢能0.3～0.7克以内，过多会增加肠蠕动，出现机械性下痢。北极狐和狐能够很好地消化生的、煮熟的和膨化的淀粉和糖(74%～96%)，煮熟和膨化的谷物可提高消化率10%，同时能消除谷物中病原微生物，并改善饲料适口性。

北极狐日粮中碳水化合物要比银黑狐的高，可超过25%。从4个月龄到屠宰前，狐的日粮中碳水化合物最高量能可达到45%(占代谢能的)，哺乳期碳水化合物不超过日粮30%，而其他非繁殖期控制在35%(占饲料代谢能)。

可消化蛋白质、可消化脂肪和可消化碳水化合物是狐营养物的主体，以可消化蛋白质为主，互相促进，缺一不可，繁殖期要求高蛋白质饲料，非繁殖期则要求可消化脂肪及碳水化合物有所增高。

(四)无机盐

无机盐在维持狐生命活动中非常重要的物质。在机体内所需常量元素有钙(Ca)、磷(P)、钠(Na)、钾(K)、氯(Cl)、硫(S)，微量元素有铁(Fe)、碘(I)、铜(Cu)、锌(Zn)等元素(微量元素仅占有机体的0.01%)。饲料中和机体内的这些元素都是以盐的形式存在的，少数合成复杂的有机物存在。成年狐体内无机盐占体重的3.5%～4.5%，其骨骼和牙齿中钙和磷的含量分别占99%和80%。磷除构成骨骼外，在磷脂、复杂蛋白质、核酸及在碳水化合物代谢中起重要作用。

泌乳母狐和幼狐需要的钙和磷，每418千焦代谢能需要量分别为0.15～0.25克和0.12～0.18克。饲料中最适宜的钙和磷的比例为1～1.7∶1。狐最理想的钙、磷供给量为每418千焦代谢能供给5～7克的新鲜碎骨(饲喂骨产品或带骨肉、鱼)。饲料中平均含骨的百分数是:整个鱼为15%～20%，动物胴体为20%～30%，动物头为50%，脚为70%左右。按钙和磷的含量，5克新鲜碎骨相当于1.5克骨粉、1.4克磷酸三钙或0.5克白垩粉。在一般情况下，日粮中鲜骨的供给量为每418千焦代谢能10～12克，过量的钙、磷只能从粪便中排出。骨骼必须加工成碎骨(直径不大于2毫米的颗粒)，否则不能被充分利用，大的骨片往往被狐挑出不吃。

钠和氯在机体中能够调节渗透压、酸碱平衡和水的代谢等，氯还是胃液中盐酸的成分。狐对食盐的需要量，平均为饲料量的0.2%～0.3%，一般从肉、鱼饲料中即可得到满足。但狐在哺乳期中要按每418千焦代谢能补加0.2～0.3克。

铁对毛皮兽生命活动中有着重要作用，铁在血液中的红细胞血红蛋白中的含量占机体总含量的50%。饲料中缺铁，或铁吸收障碍时，则使狐出现贫血症，表现食欲丧失，生长受阻，100毫升血液中血红蛋白含量减到10～13克(正常为15～19克)，绒毛和外皮细胞膜脱色。因此，使毛皮品质大大下降，成年狐表现繁殖力下降。经常喂鳕鱼(狭鳕、牙鳕和黑线鳕等)时，容易引起贫血症，因为上述鳕鱼类含有三甲胺氧化物，可使铁变成不能吸收的成分，为此在喂鳕鱼时，一要限制鳕鱼喂量，基础群不能超过日粮的30%，而幼狐也要在45%以内(即每418千焦代谢能30克左右)。二要在大量喂鳕鱼时，在饲料中加入专门铁制剂葡萄糖亚铁。三要在发生贫血病时注射葡萄糖亚铁100～250毫克。最好不要单独喂鳕鱼，要搭配肉类、内脏及其他鱼类为好。

(五)维 生 素

维生素是动物生存、生长发育、繁殖等不可缺少的微量有机物。当维生素不足时,机体中各种酶的合成及代谢功能遭到破坏,引起各种疾病,叫做维生素缺乏症。严重的引起大批死亡。有时这种疾病不是因为饲料中维生素供给不足,而是因为供给饲料的脂肪氧化破坏了维生素,或者与饲料中含有抗维生素酶类有关,使维生素吸收受到影响。如饲料严重氧化,破坏维生素 A、维生素 E 和维生素 B_1。又如大量喂含硫胺素酶的鱼(毛鳞鱼、远东沙丁、沙丁、银鲑、田鹬鱼和梭鱼,鲤鱼、鲫鱼、江鳕、鳙鱼等),导致维生素 B_1 被破坏,而发生维生素 B_1 缺乏症。狐对各种维生素的大致需要量见表 8。

表 8 狐对维生素的大致需要量

维生素种类	单 位	100 克干物质饲料中	在 418 千焦代谢能中
维生素 A	单位	500～825	150～250
维生素 D	单位	100～165	30～50
维生素 E	毫克	3～15	1～5
硫胺素(B_1)	毫克	1.2～3.6	0.6～1.0
核黄素(B_2)	毫克	0.2～0.8	0.10～0.25
烟酸(B_5)	毫克	1.5～4.0	0.45～1.2
泛酸(B_3)	毫克	1.2～4.0	0.36～1.2
吡哆醇(B_6)	毫克	0.6～0.9	0.18～0.27
氰钴胺(B_{12})	微克	5～8	1.5～2.5
生物素(B_7)	微克	13～20	4.0～6.0
叶酸(B_{11})	毫克	0.06～0.30	0.02～0.09

续表 8

维生素种类	单　位	100 克干物质饲料中	在 418 千焦代谢能中
胆碱(B_4)	毫克	33～66	10～20
维生素 C	毫克	33～66	10～20

（六）水

水是狐必需的营养物质，它是构成细胞原生质的主要成分。在动物体内，水分大约占 2/3 以上，其中 40%在细胞中，20%在组织里，5%在血液中。狐机体失去全部脂肪和肝糖原，甚至失去一半蛋白质，还可以勉强存活，如果机体失去 10%的水分，就会死亡。

狐日粮中各种营养物质（蛋白质、脂肪、碳水化合物、无机盐和维生素等）的消化、吸收和代谢，都是在水分的环境中进行的。例如，消化饲料所需唾液、胃液和肠液含有 98%的水分。排泄代谢产物的尿中含 95%左右的水分。可见，如果狐机体内水分不足或缺乏，新陈代谢就不能正常进行。

水分对狐在夏季调节体温具有重要作用。狐汗腺不发达，主要通过口腔粘膜、舌面和呼吸道等部位的水分蒸发而散失热量。据研究，每蒸发 1 毫升水，可散失 2.26 千焦的热量。所以，夏季给狐多饮水，是预防狐中暑的有效办法之一。

妊娠和哺乳的母狐，由于代谢旺盛，需增加水的供给量，产仔期由于体内水分流失，体内空虚，出现口渴，要特别供给饮水。生长期的幼狐，食量较大，代谢旺盛，也需要较多的水分。配种期的公狐，由于性活动高度兴奋，运动量也较大，体力消耗也大，如不注意供给饮水，将过早丧失性欲。

冬季北方寒冷地区，虽然需水量少，仍要保持每天饮水 1

次，当然最好供给温水。低纬度河北、山东、河南北部地区的夏季，每天要经常供给饮水，地面也要洒水，保持湿润，这是防止中暑最有效的方法。

在长途运输狐时，要少喂饲料，但饮水不可缺少，要少给勤饮，这对安全运输具有重要意义。

总之，水分是狐营养物质代谢、生命活动、防暑降温等不可缺少的营养物质。

各种营养物质都是动物能的来源。1 克可消化蛋白质可产生 19 千焦热量，1 克可消化脂肪产生 39 千焦热量，1 克可消化碳水化合物产生 17 千焦热量。我国规定的能量单位为焦耳，过去惯用的卡、千卡及兆卡应换算成焦耳、千焦或兆焦。1 千卡等于 4.184 千焦，1 千焦＝0.239 千卡。1 000 000（1 百万）焦耳为 1 兆焦。

二、饲料种类及评价

（一）动物性饲料

1. 肉类饲料

马、牛、羊和禽类的肉是贵重的全价蛋白质饲料。从我国目前实际情况看，各场家很少用这种昂贵饲料，在牧区可能利用老弱病残畜的肉类，但这种肉要煮熟后用，有些场家可利用肉联厂加工后边角余料肉，这对狐是很好饲料，如果价格便宜可利用。新鲜肉类可以生喂，病畜或死畜肉必须熟制后喂。

（1）痘猪肉　高温、高压处理后可做狐的饲料，它含蛋白质 27.2%，脂肪 22.2%，是狐生长发育期良好饲料，但喂量不能超过动物性饲料 10%～15%。

(2)全羊羔肉　是河北、山东、苏皖北部牧区晚秋、冬季和早春产羔被冻死、剥皮去内脏的整个胴体，是营养价值高的饲料，是配种准备期、配种期、妊娠期及哺乳期的良好饲料，要熟制后喂用，可占动物性饲料量30%～40%。

(3)公鸡雏　养鸡量大的地区，生产大量公鸡雏（蛋鸡公雏），煮熟后可以喂狐，与海杂鱼配合，可占动物性饲料的25%～30%。

2. **畜禽加工副产品饲料**

(1)肝脏　是狐重要生物学时期必备饲料，肝脏营养全价，含蛋白质19.4%，脂肪5%和含丰富的维生素，家畜肝或鸡肝以及海兽肝营养价值类似，不过海兽肝含维生素A最高，每克含量达6 000单位，而畜禽肝脏则不足500单位。冬、春季繁殖季节肝脏应占日粮的5%，或者每418千焦代谢能5克左右。

(2)红肠（食管）、膈、心脏、肾脏　肉联厂加工后的边角余料等，同属全价动物蛋白质饲料。可用做狐繁殖期饲料，占动物性饲料的10%～20%。

(3)软下水（动物肠胃）　营养不全价，但适口性好，煮熟搭配肉类或鱼类饲喂效果较好，可占动物性饲料的10%左右。

(4)肺脏　动物蛋白价值较低，不全价，对胃肠有刺激作用，易发生呕吐，喂时煮熟，用量不应超过动物性饲料的5%～7%，而且应逐渐添加。

(5)脾脏　营养价值虽不如肝和肉类，但还是比较好的饲料，在基础群和青年狐日粮中适量加入有益处。

(6)气管、耳、唇　营养价值较低，可少量掺在肉、鱼中利用，决不能当做主要饲料喂狐。

(7)血　营养价值较高，含蛋白质17%～20%，蛋白质的质量超过肉类副产品的营养价值，且含有铁、钾、钠、氯、锰、钙、磷及镁等矿物质，不过脂肪含量低（0.1%），新鲜血在狐整个生产期日粮中可占动物蛋白质总量的10%，喂多了（含无机盐数多）易引起下痢。牛羊血及马血，新鲜时可生喂，凝固血只能煮熟后喂。为了保证血的质量，在保存时常加入氨水或蚁酸，冷冻或烘干保存。

（8）兔头及兔骨架　是兔肉加工厂副产品，数量较多，营养价值虽不及肉和鱼，但对提高狐食欲有较好效果。一般可占动物性饲料的10%～15%来喂狐。鲜的可以生喂，不新鲜的要煮熟喂。

（9）牛、羊头　因为一般常将咬肌、脑和舌剔出，故营养价值较低，它通常缺少色氨酸、蛋氨酸和胱氨酸。因此，冬毛生长期不能单独用。为了有效利用此类饲料，必须在混合料中配合全价的蛋白质饲料，如鱼、鱼粉、动物肉类和酸凝乳等。在保证上述全价营养的条件下，牛、羊头可占动物蛋白质的30%～40%，而且必须将其精细粉碎成馅或肉粥（颗粒直径不超过2毫米），才能被狐利用。

（10）猪头　其蛋白质同样缺少蛋氨酸、色氨酸和胱氨酸，而且比牛、羊头还少，但猪头含脂肪量丰富，如果在狐日粮中加入猪头量充足时，可不必在日粮中另加脂肪，为了预防阿氏病（伪狂犬病），要预先煮熟、粉碎加工后利用。

（11）禽类加工副产品　头、颈、尾、鸡架及内脏，均可利用喂狐，特别是尾含脂肪丰富，作为生长期饲料较好，禽内脏（主要是肠）要把内容物洗净煮熟后喂，这类饲料可占动物性饲料10%左右。鸡架是肉食鸡去掉翅、腿及胸脯肉的胴体，含可消化蛋白11.2%，可消化脂肪12.7%，其营养价值比气管、耳等高，是喂狐的好饲料。

3. **鱼类饲料**

整个的中小海杂鱼和江杂鱼，其主要氨基酸含量，即蛋氨酸、色氨酸、精氨酸、赖氨酸、异亮氨酸含量与恒温动物蛋白质相似，可作为狐（特别是北极狐）的主要饲料，且价格比较便宜。但其副产品，如鱼头、鱼排及鳍中必需氨基酸含量很少，可以少量喂用，不能超过动物性蛋白质的 10%～15%，而且必须在保证有全价的肉、鱼条件下才能利用，大量用这种饲料，保证不了动物对蛋白质需求，实践证明会严重影响生产。

鱼肉中富含不饱和脂肪酸，而且很容易氧化。因此，保管鱼的条件比保管其他饲料要严格得多，温度不高于－20℃，保管期不超过 6 个月。

狭鳕、绿鳕、牙鳕和狗鳕等鳕科鱼含有三甲胺氧化物，可使铁变成不能消化吸收的形式，北极狐饲喂这类鱼的量不能超过动物性蛋白质的 40%，否则会引起贫血症。因吃上述鳕鱼类引起贫血时，狐的食欲丧失，消化不良，幼狐生长停滞，公狐性欲低或无性欲，母狐空怀率增高。为此，饲喂鳕鱼时，量不要过大，并要配合其他饲料同喂，如大量喂时，可补充易消化吸收的葡萄糖亚铁。

某些海鱼（毛鳞鱼、沙丁鱼、远东沙丁鱼、银鲑、梭鱼等）以及某些淡水鱼（鲤鱼、胡瓜鱼、鲫鱼、红鳕、鳙鱼等）含有硫胺素酶，可以破坏维生素 B_1，利用时应把鱼煮熟，并持续几分钟，可使硫胺素酶失活。亦可喂 5 天生鱼，双休日喂熟鱼，并把一周的维生素 B_1 的给量加在这两天饲料中饲喂。

4. **乳品和蛋类饲料**

乳品饲料，按其蛋白质、氨基酸的含量是价值很高的饲料。在养狐时常利用全乳、脱脂乳和奶粉。

牛奶、羊奶或奶粉中蛋白质、脂肪、碳水化合物、无机盐、维生素比任何饲料都丰富，在饲料中少量给予，能够提高饲料营养价值，改善饲料的可消化性和适口性。妊娠和哺乳期母狐每头应给 20～30 毫升全乳，可占饲料的 5%左右。如果喂奶粉时，可 8 倍稀释后给予，喂量与全乳量相同。

给狐喂乳品，在繁殖期尤为重要，不仅能补充蛋白质全价性，提高母狐适口性，而且能防止母狐缺乳，还能中和部分饲料中的有害物质。

各种禽（鸡、鸭、鹅）蛋类是营养价值较高的全价饲料，主要用于配种期种公狐、妊娠和哺乳期的母狐，一般可占动物性饲料 5%～10%。另外，孵化中甩出的石蛋（无精卵），亦可应用在繁殖期。孵化期 2～3 照的死胚卵，即毛蛋，在狐生长期应用，并要煮熟后喂狐。蛋的利用均要煮熟，一方面能杀灭病原微生物，另一方面可避免蛋类中的抗生物素物质破坏饲料中的维生素 B_7（生物素）。

5. **干动物性饲料**

(1)鱼粉　是营养全价的饲料，狐最适于喂含灰分量不高于 20%，或粗蛋白质不低于 50%（即消化率不低于 40%）、脂肪不高于 10%的鱼粉。鱼头、鱼排和其副产品加工的鱼粉，灰分含量常超过 22%，这样的鱼粉蛋白质含量低，必需氨基酸含量少，不适于喂狐。在饲养狐或加工干粉饲料时，常用秘鲁鱼粉，粗蛋白质含量达 60%，不管用哪种鱼粉，含盐量不应超过 5%。鱼粉必须松散，没有团块，颜色浅灰色或淡黄褐色，具有特殊的鱼香味，不氧化酸败。

饲喂优质鱼粉，夏季狐和北极狐可占动物蛋白质的 70%，冬季可占 30%～50%，其余必须喂鲜鱼或肉类副产品。

(2)肉骨粉　我国鲁西南、冀南、苏皖北部养羊较多，晚秋、冬季和早春冻死羊羔量很大，去羔皮后的胴体可煮熟绞碎晒干，制成为肉骨粉，营养价值很高，与鱼粉不相上下，可在狐日粮中占动物蛋白质的30%～50%。氧化变质后不能喂狐。

(3)蚕蛹和蚕蛹粉　营养价值较高，而且是容易吸收的全价蛋白质，相当于同数量的优质鱼粉。狐和北极狐的日粮中可占动物蛋白质的50%～70%。但蚕蛹缺少无机盐和维生素，而且因含不饱和脂肪酸的量高，非常容易氧化。因此，在饲喂蛹类饲料时，在日粮中要补足无机盐和维生素A、维生素D，为抗氧化，要保证维生素E和维生素C的供给。

(4)鱼干　是鲜鱼晒干而成，产鱼的沿海及江河产鱼区旺季，贮存小鱼的冷库不够时，多自然晒干，但制干鱼一定要鱼新鲜，速干，严防腐败变质。质量好的鱼干各生产时期均可利用，可占日粮动物性饲料的70%～75%。但在晒干过程中某些营养物质遭到破坏，单纯喂鱼干时，对性器官的发育有不良影响，因此，日粮中必须搭配全价饲料(肉、蛋、鲜鱼和乳)25%～30%。干鱼中维生素因日晒作用及脂肪氧化含量很少。所以，喂干鱼时增加酵母，维生素B_1、鱼干油和维生素E的供给。幼狐生长期喂鱼干，要增加脂肪的含量，可给痘猪肉(熟制的)，占动物性饲料的15%～20%。亦可用植物油(豆油、葵花籽油或花生油)，每千克体重3～5克。

(5)血粉　大型肉类联合加工厂，每年生产大量血粉，如果新鲜，可作为狐的蛋白质饲料来源(腐败变质的血粉不能用)。经煮沸的血粉，对生长期和毛绒生长期的狐可占日粮动物性饲料的20%～25%，与海杂鱼、肉类副产品，或兔头、兔骨架搭配，狐生长发育及毛绒质量都较好。当提高到30%～40%时，有消化不良(腹泻)的现象。

狐繁殖期应用血粉可占动物饲料的10%左右，与其他肉副产品、海杂鱼混合饲喂，对繁殖无不良影响。

(6)羽毛粉　是禽类羽毛经过高温、高压及焦化处理后粉碎而成。一般羽毛粉含粗蛋白质81.42%左右，粗脂肪1%～2%，灰分8%，水分10.16%，羽毛粉中含有丰富的胱氨酸(8.7%)，仅次于羊毛中的含量(13.6%)，同时还含大量谷氨酸(10%)、丝氨酸(10.2%)，这些氨基酸是狐毛绒生长必需的营养物质。春、秋两季换毛和长毛前1个月在日粮中加入羽毛粉1%～2%，连续饲喂3个月左右，对冬毛生长及减轻狐自咬症和食毛症有较好效果。羽毛粉蛋白质为大量角质蛋白，不易消化，多数将其放在谷物饲料中，通过熟制后(窝头、粥中)喂用。羽毛粉干物质消化率为43.9%，粗蛋白质的消化率为33.9%。

6. 毛皮兽的肉产品和残料的再利用

一般毛皮兽养殖场都不是养一种动物，大多数是狐、北极狐、貉和水貂综合经营，秋、冬季节取皮后的大量动物胴体，具有很高营养价值，如100克不开膛的北极狐碎馅中含可消化蛋白质12.5克，可消化脂肪34.2克，代谢能1 564千焦。

实践证明，用野兽胴体加工的肉骨粉，可占日粮蛋白质的25%。近年来，通常在屠宰期交叉喂给毛皮兽新鲜胴体碎馅，即小型水貂胴体喂给狐和北极狐及貉，大型狐、貉胴体可喂给水貂，这类饲料要经兽医检验后煮熟喂用。如有病原微生物感染，应废弃不用。

动物剩食，特别是北方冬季水貂剩食冻成食块，如果新鲜可熟制喂给狐、貉。

(二)植物性饲料

1. 谷物饲料

各种谷物，如玉米面、全面粉、高粱面、豆面等含大量碳水化合物，又叫做糖类饲料。谷物饲料是比较便宜的能源，含蛋白质较少，而且蛋白质生物学价值不完全，即缺少狐所需要的必需氨基酸。

狐日粮中加入谷物的量取决于狐所处的生物学时期和混合饲料中脂肪的含量，繁殖期加入谷物量较少，生长期相对就高一些。一般占日粮的15%～30%。喂给狐谷物的形式，我国大部分饲养者多采用将玉米粉煮成粥或加工成窝头来喂，还有将玉米炒熟后粉碎成面再喂．也有以膨化形式来喂的。经过加工熟制的谷物可提高消化率10%～20%。

膨化是一种有前途的加工方法。谷物经过膨化后，使碳水化合物分解出6%糊精，10%的淀粉变成糖，有利于狐的消化吸收。另外，谷物经过热处理后，使有害细菌灭活，可防止狐得胃肠炎、肝脏疾病及影响繁殖的疾病。

狐和北极狐对麸皮的消化率很低，因为麸皮含纤维素较多，但它能松散饲料，增进肠蠕动，可少量利用，在狐和北极狐日粮中不宜超过10克。

含碳水化合物较高的甘薯和马铃薯，是很便宜的能量来源，在谷物不足和出产甘薯和马铃薯的地区，可洗净煮熟来代替谷物喂狐。

2. 饼粕类饲料

植物油加工的副产品是油饼或油粕类。用于狐饲料的有豆饼、豆粕，去皮的花生饼和葵花籽饼。

夏、秋季节，即狐生长期、基础群静止期，允许用饼粕饲料代替饲料中动物蛋白质30%～40%，而冬春季只代替20%～25%。但应用这种饲料时，要增加脂肪、脂溶性维生素和酵母的给量。饼粕类饲料喂量一般不宜超过谷物饲料量的1/3，否则易引起软便或下痢。

去皮的花生饼可代替动物蛋白的50%以上，所以，出产花生的地方应充分利用花生饼喂狐。出产葵花籽的北方，亦可充分利用去皮葵花籽饼喂狐。

3. **果蔬类饲料**

果蔬类饲料主要是补充狐对维生素A、维生素E和维生素C的不足，另外，蔬菜也能起到疏松饲料和提高适口性的作用。我国常用于喂狐的蔬菜有白菜、甘蓝、油菜、西葫芦等；块根类有胡萝卜、萝卜、甜菜、球茎甘蓝等，果类有等外苹果等，这些青绿饲料要新鲜、无毒，洗净喂狐。有条件的场要常年喂。青年狐屠宰前1.5～2个月，基础群妊娠和哺乳期的母狐，其果蔬类饲料可占饲料总量的5%～10%。

（三）添加饲料

1. **酵母饲料**

在饲养毛皮兽中，经常喂给酵母，作为蛋白质和B族维生素的来源。它的蛋白质含量几乎与鱼粉相同，而且是单细胞植物蛋白质。我国常用的饲料酵母有纸浆废液料酵母、淀粉废液料酵母、啤酒废液料酵母和石油工业中的干饲料酵母等。

干饲料酵母，是从石油烷属烃（蛋白质、维生素收缩剂或水解蛋白）中取得的。夏季北极狐每418千焦代谢能平均用6克，从7月开始用2～3克。至10月达到8～9克。干饲料酵母最好加在高脂肪含量的饲料中，即每418千焦代谢能4.5～5.5克脂肪的日粮中，只有在这个水平上饲喂酵母才能产生良好效果。

啤酒酵母维生素含量最丰富。日粮中每418千焦代谢能加干啤酒酵母1.5克，就能满足B族维生素的需要（维生素B_1除外）。干面包酵母比啤酒酵母含维生素B_1少50%～60%，而干饲料酵母则少67%～71%。液体啤酒酵母和压制面包酵母在喂狐时要煮沸 2～3 分钟，主要是杀死酵母菌，防止饲料发酵。

2. **脂肪饲料**

脂肪是高浓度饲料。从家畜、家禽获得的脂肪均适合喂狐（按可消化脂肪计算）。但只有在饲料脂肪含量低的情况，才能添加脂肪，特别是幼狐生长期 7～9 月份应用脂肪，对促进幼狐生长发育有较好作用，对芬兰狐及其杂种狐生长期应用，更为重要。应用脂肪要保证饲料中可消化蛋白的量。脂肪贮存稳定性小，极易氧化变质，即使低温保存，超过 9 个月的马脂肪也应避免喂给繁殖期基础狐群。

鱼脂肪和植物油属于高度不饱和脂肪酸，保存时要加入抗氧化剂，不饱和脂肪酸可代替畜产品脂肪量 30%～40%，大量喂脂肪时，须保证多种维生素的供给，特别是维生素 E、维生素 B_1 和维生素 C。

贮存在冷库内的脂肪，温度不得高于 -8℃，空气相对湿度不超过 90%。

（四）全价干配合饲料

配合饲料（干粉料和颗粒料）是全价性饲料，是按全价饲料配方，将各种动植物饲料干燥粉碎，并加入无机盐和维生素后，充分混合而成。为防止饲料氧化变质、利于保存，还加入抗氧化剂。这种饲料保存和运输方便，对远离沿海、缺少动物性饲料的地区比较适用。也是今后集约化，即规模化养殖毛皮兽饲料的发展方向。狐每天每头喂 200～250 克，或根据厂家说明书喂给。根据我们的经验，在利用干配合饲料时，适当配合一些新鲜动物性饲料，特别是在繁殖期，对保证繁殖效果较为理想。主要是因消化率高，适口性好。另外，喂干配合饲料要保证饮水的供给，否则饮水不足影响狐的食欲，使消化率降低。目前，全国干配合饲料厂家较多，如中国农业科学院特产研究所特种经济动物饲料厂、吉林省农业科学院畜牧分院毛皮动物饲料厂等，均生产狐各生物学时期干配合饲料。具体应用可参考各厂家饲料说明书。

各种饲料营养成分及氨基酸含量可见表9和表10。

表9　饲料营养成分表

饲料种类	100克饲料含量(克)					代谢能(千焦)
	水	粗灰分	可消化营养物质			
			蛋白质	脂肪	碳水化合物	
肉和肉类副产品						
带骨马肉						
瘦　的	73.0	4.0	19.5	2.5	—	472
中等的	70.0	3.8	19.4	5.5	—	597
肥　的	66.0	3.5	19.4	9.5	—	735
中等牛肉	72.8	1.1	18.5	5.2	—	552
中等羊肉	73.5	1.2	17.9	5.1	—	535
瘦骆驼肉	74.0	3.7	19.3	3.0	—	502
野兽尸体(碎馅)						
北极狐	43.8	4.2	12.5	31.9	0.7	1484
狐	61.4	4.2	16.5	11.7	0.6	769
水　貂	63.3	5.0	16.1	9.5	0.7	681
海狸鼠	71.0	5.0	18.8	2.7	—	418
麝　鼠	67.8	5.0	17.3	5.0	—	514
肝　脏						
牛	72.9	1.3	16.0	2.9	3.7	476
羊	71.2	1.4	17.2	2.7	4.1	502
猪	71.4	1.5	17.3	3.3	3.3	510

续表 9

饲料种类	100克饲料含量(克)					代谢能(千焦)
	水	粗灰分	可消化营养物质			
			蛋白质	脂肪	碳水化合物	
家畜肾脏	80.0	1.0	11.7	2.3	1.7	334
家畜心脏	79.7	1.0	12.8	3.1	1.9	397
家畜脑	80.5	1.0	7.9	8.6	—	481
带颚板的头	75.4	1.0	16.0	4.0	—	459
脾　脏	75.9	1.5	15.3	2.9	1.1	418
血	80.7	1.0	14.6	0.2	0.1	322
家畜肺	76.1	1.0	12.9	6.2	1.1	502
瘤　胃						
牛	80.8	0.5	12.5	3.5	—	376
羊	77.3	0.5	12.0	7.0	0.3	543
瓣胃、真胃	81.2	1.2	10.5	4.5	0.7	364
猪　胃	71.3	0.8	11.1	13.4	—	727
气　管	75.3	4.0	11.1	4.5	2.0	418
家畜耳	69.7	0.7	19.3	3.7	2.3	543
新鲜碎骨	36.5	32.0	12.4	9.2	—	585
牛、猪蹄	37.8	31.0	11.5	10.2	—	614
头(不带脑舌)						
牛	52.3	17.7	13.8	8.8	0.2	606
羊	56.2	15.6	10.8	7.0	1.5	531
猪	49.2	8.1	12.4	23.7	—	1150
毛鸡(鉴别公鸡雏)	73.2	1.8	15.0	8.2	—	602
鸡　头	72.1	6.5	13.1	7.6	—	385
鸡　架	65.5	10.6	11.2	12.7	—	665

续表 9

饲料种类	100克饲料含量(克)					代谢能（千焦）
	水	粗灰分	可消化营养物质			
			蛋白质	脂肪	碳水化合物	
禽内脏	85.4	0.6	8.7	3.6	—	305
动物尾	77.2	0.8	10.2	9.3	—	426
牛乳房	72.6	0.8	10.7	11.6	0.3	660
全羊羔肉	63.0	5.0	21.5	5.3	0.4	736
鸭　肉	74.6	0.9	14.9	6.8	—	510
鹅　肉	77.1	0.9	10.8	11.2	—	602
野兔肉	74.7	1.2	21.0	1.0	—	397
兔　肉	67.3	10.4	11.4	1.3	—	297
兔骨架	72.2	10.4	10.6	3.4	2.2	334
鲜碎骨	33.0	40.0	10.0	5.0	—	385
熟痘猪肉			23.1	20.0	—	1212
水产类饲料						
海杂鱼	80.7	0.9	12.4	2.0	—	314
红娘鱼	80.8	0.6	8.2	0.8	—	246
黄姑鱼	80.0	0.8	12.3	0.9	0.3	242
青　鱼	81.3	1.2	14.7	1.0	—	293
鳕　鱼	79.0	2.8	14.8	0.9	—	322
梭　鱼	70.2	1.0	16.9	0.9	—	322
小鲱鱼	76.3	2.0	11.0	5.9	—	435
海鲶鱼	76.9	1.4	12.5	4.2	2.8	414
扒皮鱼	79.0	1.7	17.2	0.4	—	284
马口鱼	74.0	1.0	13.5	2.9	0.2	397

续表 9

饲料种类	100克饲料含量(克)					代谢能（千焦）
	水	粗灰分	可消化营养物质			
			蛋白质	脂肪	碳水化合物	
比目鱼	76.5	2.7	15.4	3.5	—	418
胡瓜鱼	77.0	2.0	14.8	3.8	—	418
少脂青鱼	75.5	2.2	16.5	3.8	—	459
肥青鱼	65.5	2.2	16.5	13.3	—	836
毛鳞鱼(1～2月)	70.5	2.2	13.5	9.0	—	606
毛鳞鱼(3～6月)	75.5	5.3	13.5	4.3	—	418
狭　鳕	77.5	4.0	13.8	2.8	—	368
淡水杂鱼	82.0	1.4	122.4	1.4	—	284
明太鱼	79.0	1.2	16.0	1.4	0.2	326
泥　鳅	73.5	2.2	119.8	2.6	—	439
蚯　蚓	83.4	1.0	8.8	1.9	3.3	293
河蚌肉	80.0	3.0	9.7	1.4	4.5	288
干性蛋白质饲料						
鱼　粉	2.0	30	19.0	3.2	—	961
血　粉	10.0	0.4	73.0	1.4	1.4	1308
羽毛粉	10.0	7.4	28.0	1.0	—	571
啤酒干酵母	8.5	8.5	38.2	1.5	16.2	1045
饲料蛋白酵母	9.5	8.5	31.5	1.2	21.0	1003
石油酵母	12.6	10.1	38.0	2.7	12.0	1024
谷物类饲料						
玉米粉	14.0	1.3	7.7	3.4	40.7	961
通　粉	14.0	1.6	7.8	1.2	48.1	1016

续表 9

饲料种类	100克饲料含量(克)					代谢能(千焦)
	水	粗灰分	可消化营养物质			
			蛋白质	脂肪	碳水化合物	
饼粕类饲料						
大豆粉	10.0	2.8	3.5	1.9	9.5	899
大麦粉或米	14.0	1.5	6.9	1.4	46.5	982
小麦麸	13.2	5.4	5.9	1.3	18.8	552
豆　浆	92.0	0.5	4.4	1.8	2.0	176
大豆饼	11.0	6.1	32.3	1.1	9.0	803
大豆粕	13.7	5.2	30.2	1.0	7.9	936
亚麻籽饼	7.3	7.4	24.1	5.3	8.5	773
向日葵饼	6.0	5.7	30.4	4.2	11.2	928
花生饼	10.4	—	30.7	4.3	18.5	986
乳蛋类饲料						
牛　奶	87.6	0.7	3.1	3.5	3.3	251
羊　奶	87.0	0.9	3.4	3.7	4.0	276
奶　粉	5.0	6.0	23	24	33.0	1927
鸡　蛋	74.5	1.0	10.8	9.2	0.4	568
鸭　蛋	70.0	1.8	10.4	11.7	0.8	660
鹅　蛋	70.4	1.1	10.3	10.6	1.0	627
毛　蛋	67.8	2.1	17.1	9.6	—	669
熟毛蛋	30.5	8.1	10.4	6.8	—	460
蔬菜类饲料						
大白菜	94.0	0.7	1.4	0.1	3.0	79
小白菜	96.0	0.8	1.1	0.1	2.0	54

续表 9

饲料种类	100克饲料含量(克)					代谢能(千焦)
	水	粗灰分	可消化营养物质			
			蛋白质	脂肪	碳水化合物	
油　菜	92.0	1.4	2.0	0.1	4.0	105
大头菜	93.0	0.8	1.3	0.3	4.0	100
菠　菜	93.0	8.0	2.0	0.2	2.0	75
胡萝卜(红色)	89.0	0.7	1.0	0.4	8.0	167
胡萝卜(黄色)	90.0	1.1	0.9	0.3	7.0	142
白萝卜	92.0	0.8	0.6	—	6.0	84
红萝卜	88.5	1.0	1.1	0.2	5.3	121
西葫芦	97.0	0.5	0.6	—	2.0	42
西红柿	96.0	0.4	0.6	0.3	2.0	54
南　瓜	89.1	0.7	1.1	0.5	5.0	125
熟马铃薯	75.0	1.6	1.9	—	15.7	305
甘　薯	67.0	0.9	2.0	0.2	26.1	493

表 10　饲料中蛋白质的氨基酸含量　(%)

饲料种类	100克饲料中的可消化蛋白质(克)	色氨酸	赖氨酸	组氨酸	精氨酸	苏氨酸	胱氨酸	缬氨酸	蛋氨酸	异亮氨酸	亮氨酸	苯丙氨酸
马　肉	19.4	1.0	7.9	3.9	8.0	4.2	1.3	4.0	2.6	4.8	7.6	44.8
海豹肉	22.1	1.3	7.7	3.3	4.1	4.4	0.8	4.7	4.6	3.0	6.8	3.1
牛　肉	18.9	1.0	8.4	2.9	5.6	4.3	1.2	4.6	3.1	3.6	6.6	2.8
牛　肝	15.3	1.6	5.1	2.3	6.5	4.8	1.2	5.6	2.9	5.3	9.0	5.7
牛瘤胃	13.0	0.9	5.8	1.8	6.2	3.5	0.7	3.8	1.7	3.4	6.0	3.4

续表 10

饲料种类	100 克饲料中的可消化蛋白质(克)	色氨酸	赖氨酸	组氨酸	精氨酸	苏氨酸	胱氨酸	缬氨酸	蛋氨酸	异亮氨酸	亮氨酸	苯丙氨酸
牛 肺	12.5	0.8	6.3	2.7	8.5	4.8	1.2	5.6	2.0	3.4	8.6	5.7
牛气管	11.3	0.4	4.3	1.8	8.5	3.8	0.7	4.3	1.8	3.2	5.7	4.2
牛 脾	15.3	1.4	9.4	1.9	2.4	3.3	0.7	4.7	2.4	7.4	6.1	2.5
牛 耳	22.1	0.5	4.2	1.3	6.0	2.2	0.6	3.4	1.7	2.1	4.2	2.6
牛 唇	18.3	0.7	6.4	1.5	6.5	3.0	0.9	3.6	1.9	3.0	5.7	3.4
羊 肝	11.9	1.3	8.3	2.1	4.6	4.8	1.9	5.5	1.5	2.9	6.8	3.9
猪 脾	15.3	1.0	8.5	2.3	2.7	3.6	1.5	5.3	2.3	2.6	7.4	2.6
瓣 胃	10.6	0.6	8.5	2.0	5.3	3.9	1.0	4.3	2.3	2.9	5.5	2.6
乳 房	10.8	0.5	4.9	1.4	4.9	2.9	0.9	4.3	1.2	2.0	4.7	2.5
牛 头	13.0	0.7	6.1	1.6	6.9	2.1	0.9	3.3	1.9	1.9	4.1	2.3
鸡 头	12.1	0.8	6.3	2.4	5.9	5.3	1.4	4.0	1.9	4.6	8.7	5.3
羊 头	11.0	0.6	4.3	0.7	6.0	2.9	1.2	3.6	1.2	2.1	4.9	2.6
猪 胃	13.0	1.1	7.2	1.7	4.5	4.0	1.4	5.1	2.2	2.8	5.8	2.5
蚕 蛹	43.7	1.2	5.3	2.5	2.8	3.2	1.6	2.5	2.8	1.5	3.0	1.9
乌 贼	14.2	1.2	7.7	1.1	3.3	3.7	1.1	3.4	3.0	2.9	4.2	2.6
屠宰厂猪下脚料	11.0	1.0	4.9	1.8	7.0	2.8	0.5	4.1	0.9	2.5	5.2	3.1
猪脊椎骨	8.0	8.0	5.3	2.1	8.5	2.8	0.5	4.1	1.2	2.8	6.2	3.1
毛磷鱼	15.7	1.4	9.1	1.6	4.3	3.6	0.7	4.4	2.6	3.3	6.4	4.2
狭 鳕	13.0	1.1	7.8	1.7	4.9	5.3	0.8	5.5	3.0	5.2	8.4	4.8
各种鱼(肉)	14.0	1.0	8.8	2.0	5.9	4.6	1.0	5.9	3.0	6.0	8.4	3.9
鱼 粉	48.0	1.2	7.2	2.6	4.7	3.6	1.0	4.0	2.3	3.0	5.4	2.6

续表 10

饲料种类	100 克饲料中的可消化蛋白质(克)	色氨酸	赖氨酸	组氨酸	精氨酸	苏氨酸	胱氨酸	缬氨酸	蛋氨酸	异亮氨酸	亮氨酸	苯丙氨酸
全　乳	3.0	1.4	7.9	2.8	3.6	4.9	0.9	6.8	2.4	6.6	0.9	4.6
动物胶	72.0	—	3.7	0.5	7.0	1.9	0.4	2.3	0.3	1.2	2.7	1.7
饲料酵母	37.7	0.7	6.7	2.2	3.8	4.7	1.2	5.4	2.4	4.6	6.9	4.3
小麦粉	9.5	1.3	2.8	2.1	5.0	2.8	1.4	4.3	1.5	4.0	6.7	4.9
大麦粉	8.0	1.3	2.8	2.1	5.0	2.8	1.4	4.3	1.5	4.2	6.7	4.9
大豆饼	29.8	1.4	6.3	2.4	7.6	3.9	1.4	5.3	1.3	5.5	7.7	4.9
向日葵饼	24.3	1.4	3.3	2.1	8.5	3.6	1.5	5.1	2.4	4.5	6.2	4.8

三、狐的饲养标准和日粮配制

(一)狐的代谢能与可消化蛋白质需要量

狐的营养需要以代谢能方式来体现,即根据狐不同生物学时期,不同体重,每天每头需要多少代谢能,及每 418 千焦需要多少克可消化蛋白质。具体见表 11、表 12、表 13、表 14、表 15,维生素的需要可参考表 8。

表 11　成年狐(银黑狐)每头每日代谢能和可消化蛋白质需要量

月份	狐群类别	根据银黑狐 1 月 1 日体重(千克)饲料代谢能的需要量(千焦)								每 418 千焦代谢能可消化蛋白质需要量(克)
		5.0	5.5	6.0	6.5	7.0	7.5	8.0	8.5	
1	基础群	1505	1588	1672	1756	1839	1923	2006	2090	9.5～10.5
2	基础群	1463	1547	1630	1714	1797	1881	1965	2048	9.5～10.5

续表 11

月份	狐群类别	根据银黑狐1月1日体重(千克)饲料代谢能的需要量(千焦)								每418千焦代谢能可消化蛋白质需要量(克)
		5.0	5.5	6.0	6.5	7.0	7.5	8.0	8.5	
3~4	母狐									
	空怀	1505	1588	1630	1714	1797	1881	—	—	8.5~9.5
	妊娠	2090	2174	2299	2424	2550	2675	—	—	9.5~10.5
	哺乳	1881	1986	2090	2299	2404	2508	—	—	9.5~10.5
3	公狐	—	—	1630	1714	1797	1881	1965	2090	8.5~9.5
4	公狐	—	—	1756	1839	2006	2090	2215	2299	7.5~8.5
5	公狐	—	—	1756	1839	2006	2090	2215	2299	7.5~8.5
6	公狐	—	—	2341	2508	2675	2801	2926	3051	8.5~9.5
7	公和母	2090	2215	2341	2508	2633	2801	2926	3051	8.0~9.0
8	公和母	2132	2257	2383	2550	2675	2842	2968	3093	8.0~9.0
9	公和母	2048	2174	2299	2466	2592	2759	2884	3010	9.0~10.0
10	公和母	1965	2090	2215	2341	2466	2592	2759	2884	9.0~10.0
11	公和母	1881	2006	2132	2299	2424	2550	2675	2801	9.0~10.0
12	公和母	1672	1839	1965	2090	2215	2341	2424	2508	9.5~10.5

注：哺乳仔狐补充饲料：头10天每日293千焦/头，11~20日每日523千焦/头，21~30日每日752千焦/头，31~40日每日1170千焦/头

表12　成年北极狐每头每日代谢能和可消化蛋白质需要量

月份	狐群类别	根据北极狐1月1日体重(千克)饲料代谢能的需要量(千焦)								每418千焦代谢能可消化蛋白质需要量(克)
		5.0	5.5	6.0	6.5	7.0	7.5	8.0	10以上	
1	基础群	1797	1881	1945	2090	2174	2299	2424	2926	9.5~10.5
2	基础群	1672	1797	1923	2006	2132	2215	2299	2633	9.5~10.5

续表 12

月份	狐群类别	根据北极狐1月1日体重(千克)饲料代谢能的需要量(千焦)								每418千焦代谢能可消化蛋白质需要量(克)
		5.0	5.5	6.0	6.5	7.0	7.5	8.0	10以上	
3～6	母狐									
	空怀	1839	1955	2090	2174	2299	2424	—	—	9.5～10.5
	妊娠	2508	2675	2801	2926	2926	3010	—	—	10.5～11.5
	哺乳	1881	2090	2299	2508	2717	2926	—	—	10.5～11.5
3	公狐	—	—	2090	2174	2299	2383	2508	3010	9.5～10.5
4	公狐	—	—	2299	2424	2592	2717	2842	3344	7.5～8.5
5	公狐	—	—	2299	2424	2592	2717	2842	3344	7.5～8.5
6	公狐	—	—	2299	2424	2592	2717	2842	3344	7.5～8.5
7	母和公	2090	2215	2383	2529	2675	2801	2926	3428	7.5～8.5
8	母和公	2257	2383	2550	2717	2842	3010	3177	3846	7.5～8.5
9	母和公	2174	2299	2508	2633	2801	2926	3093	3762	7.5～8.5
10	母和公	2257	2424	2592	2759	2926	3093	3219	3720	9.0～10.0
11	母和公	2257	2424	2592	2717	2926	3051	3177	3678	9.0～10.0
12	母和公	1881	1965	2090	2174	2299	2424	2550	3050	9.5～10.5

注：哺乳仔狐补充饲料：头10天每日209千焦/头，11～20日每日418千焦/头，21～30日每日627千焦/头，31～40日每日1045千焦/头

表 13 青年狐每头每日代谢能和可消化蛋白质需要量

月份	依计划1月1日青年狐体重(千克)饲料代谢能的需要量(千焦)								每418千焦代谢能可消化蛋白质需要量(克)
	5.0	5.5	6.0	6.5	7.0	7.5	8.0	10以上	
	北极狐								
1.5～2	2090	2174	2257	2341	2424	2508	2592	2926	8.5～9.5

续表 13

月份	依计划1月1日青年狐体重(千克)饲料代谢能的需要量(千焦)								每418千焦代谢能可消化蛋白质需要量(克)
	5.0	5.5	6.0	6.5	7.0	7.5	8.0	10以上	
2～3	2592	2675	2801	2884	3010	3219	3386	3804	8.5～9.5
3～4	2717	3010	3093	3219	3553	3637	3762	4264	7.5～8.5
4～5	2926	3135	3386	5511	3720	3929	4096	5183	7.5～8.5
5～6	2299	2424	2717	3010	3135	3344	3595	4598	7.5～8.5
6～7	2174	2299	2633	2759	2884	3093	3260	3929	7.5～8.5
	银黑狐								
1.5～2	1463	1588	1714	1839	1923	2006	2090		9.5～10.5
2～3	1714	1881	2048	2132	2299	2383	2592		8.5～9.5
3～4	2257	2424	2592	2801	3010	3093	3302		8.0～9.0
4～5	2315	2508	2633	2759	2926	3010	3260		8.0～9.0
5～6	2383	2550	2633	2842	2968	3177	3428		8.0～9.0
6～7	1839	2132	2215	2383	2508	2550	2592		8.0～9.0

注：种用青年狐(银黑狐和北极狐)5个月龄开始提高标准10%，可消化蛋白质达到每418千焦代谢能9～10克

表14　狐(银)和北极狐日粮中3种营养物质推荐标准

(每418千焦代谢能中的克数)

可消化蛋白质	可消化脂肪	可消化碳水化合物
7	3.6～5.0	8.5～5.4
8	3.0～4.7	8.8～5.0
9	2.6～4.2	8.6～5.0
10	2.5～3.9	7.8～4.6
11	2.5～3.5	6.7～4.3

表 15　日粮按饲料代谢能和重量配合大致比例　（%）

饲料种类	北极狐				狐（银）			
	7～10月		11～6月		7～10月		11～6月	
	代谢能	重量	代谢能	重量	代谢能	重量	代谢能	重量
肉及其副产品类	20	20	30	30	30	35	35	35
鱼及其副产品类	30	30	35	30	20	20	20	20
蛋乳类	—	—	5	5	5	5	5	5
谷物类	40	35	25	23	37	30	30	25
果蔬类	3	10	3	10	3	7	7	10
其　他	7	5	2	2	5	3	3	5

注：其他主要包括酵母和饲料脂肪等。此表每个类别可利用多种饲料，其比例可参考狐的饲料种类与评价一节

（二）狐和北极狐饲养标准

狐的饲养标准，是根据不同生物学时期不同体重对代谢能、可消化蛋白质的需要，可消化脂肪、碳水化合物等的需要，通过消化和代谢试验并结合先进饲养场的高产经验而制定的。

狐和北极狐采用的饲养标准，代谢能用千焦表示，可消化蛋白质用克来表示。饲养标准是保证狐正常生命活动、健康、正常生长，具有较好的生产力及较好的毛皮质量所需要适宜的饲料量。

饲养标准在具体条件下可能有增有减，即增加或减少5%～10%，主要取决于气候、地理纬度、饲料营养物质的变化，以及狐群食欲变化等因素。如环境温度降低到－10℃时，可预先增加饲料，随着天气继续变化，每降低1℃，日粮必须增加1%。当然低纬度地区，其能量标准可适当降低些。总之

要因地制宜，不要死搬硬套，要结合狐群的实际需要而定。一个好的饲养标准，对种狐提高生产力，对青年狐迅速生长发育、毛的生长、保持体况均起着重要作用。如最近几年引入芬兰狐，因体型大，要结合芬兰的饲养标准标准及我国环境条件给予适当调整(代谢能量和可消化蛋白质)。

引用蛋白质标准时，要保证必需氨基酸的需要量(根据表10计算)。因此，日粮中的动物性饲料要占60%～70%，其中肉类及其副产品应占1/3，其余为海杂鱼或淡水杂鱼，以及其他动物性饲料。

(三)日粮的配制方法

日粮是按狐生物学时期(月份)所需要代谢能、可消化蛋白质、可消化脂肪、可消化碳水化合物、无机盐和维生素的数量而确定的全价饲料。除上述营养要求外，还要考虑到狐年龄和饲料适口性等。

配制日粮有两种方法：一种是代谢能法，也就是418千焦代谢能含有的饲料数量，习惯上称1份或每份。另一种为重量比法。

1. 代谢能法

以配制3～4月龄青年北极狐的日粮为例，方法如下。

查饲养标准表13，计划1月1日体重达到5千克，需要代谢能2717千焦，可消化蛋白质为每418千焦代谢能7.5～8.5克；从表14中查到可消化脂肪为3～4.7克，可消化碳水化合物5～8.8克。在上述营养需要范围内，初步确定每418千焦代谢能要求可消化蛋白质为8克，可消化脂肪为4克。

(1)首先确定碳水化合物代谢能数　因为肉、鱼等动物性饲料中碳水化合物含量极少。

8克可消化蛋白质代谢能：8×19(蛋白质能量系数)

4克脂肪(可消化的)的代谢能：4×39(脂肪能量系数)

每份需要可消化碳水化合物占代谢能的量为：

418－[(8×19)＋(4×39)]

＝418－(152＋156)

＝418－308

＝110(千焦)

根据碳水化合物代谢能参数，决定每份给玉米粉12克，酵母2克，白菜3克。查表9，求上述3种饲料的碳水化合物的量。如玉米粉100克含碳水化合物40克，12克含碳水化合物为$\frac{12\times40}{100}$＝4.8(克)。白菜和酵母以此类推计算。这样3种饲料碳水化合物之和为5.31克，符合表14饲养标准(5～8.8克)范围。

(2)求动物性饲料代谢能　每418千焦代谢能减去碳水化合物的代谢能110千焦为308千焦。这些能量分别给于海杂鱼、鉴别公鸡雏及毛蛋，分别为20克、20克和10克(未计算猪脂肪及酵母中的代谢能)。

(3)计算可消化蛋白质的含量　查表9得知，100克海杂鱼含可消化蛋白质12.4克，20克海杂鱼为$\frac{20\times12.4}{100}$＝2.4(克)。其余各种饲料按上述算法类推。最后各种饲料可消化蛋白质总和为8.5克，符合饲养标准(7.5～8.5克)上线范围。

(4)调配脂肪　脂肪依然用上述计算方法，求出各种饲料可消化脂肪的含量，其累计为3.42克，略低于标准(3～4.7克)，另加猪脂肪0.9克，即达标准范围之内。

(5)求日粮总量　每份代谢能含有的饲料数量乘以该年

龄需要代谢能的份数(2 717 千焦/418 千焦),即 6.5 份,为 1 头狐的日量,如果有 300 头 3～4 月龄青年狐,还要乘以 300,为群日量。另外还要分出早晚的喂量,(一般早 40%,晚 60%)。维生素按 1 头量乘以全群量,晚饲 1 次喂给。综合 3～4 月龄北极狐 1 份日粮配制见表 16。

表 16　3～4 月龄北极狐 1 份日粮范例

饲料种类	饲料量(克)	可消化营养物质(克)			代谢能(千焦)
		蛋白质	脂　肪	碳水化合物	
海杂鱼	20	2.4	0.4	—	60.6
鉴别公鸡雏	20	3.0	1.64	—	120.4
毛　蛋	10	1.6	0.96	—	67.3
玉米粉	12	0.9	0.40	4.8	114.5
大白菜	3	—	—	0.09	1.3
猪脂肪	0.9	—	0.90	—	34.7
酵　母	2	0.6	0.02	0.42	19.2
水	10				
合　计	77.9	8.5	4.32	5.31	418.0 千焦(约 100 千卡)

2. **重量比法**

此法比较简单实用,适于养殖专业户应用,主要依狐不同生物学时期(月份)的饲养需要,先确定每头每日各种饲料的百分比,再根据狐当时食欲状况,确定每头日量,把每头日量乘以各种饲料的百分比,即为各种饲料的一头日量。这种方法也必须换算可消化蛋白质的量和饲料代谢能总量,必要时也应计算可消化脂肪和碳水化合物的量,一定要大致符合饲养标准,否则不利于生产。

仅以妊娠母狐为例，根据日常食欲确定日粮为500克，拟以海杂鱼、鉴别公鸡雏、牛奶、鸡蛋、肝、窝头、大白菜、酵母组成的饲料，它们的百分比分别为20，30，5，5，5，20，8和2，水占5%。用日粮总量500克分乘以上述百分比，即为各种饲料日量。具体如表17所示。

表17 妊娠母狐日粮配合表

饲料种类	重量比（%）	饲料量（克）	可消化营养物质（克）		
			蛋白质	脂肪	碳水化合物
海杂鱼	20	100	12.4	2	—
鉴别公鸡雏	30	150	22.5	12.3	—
牛奶	5	25	0.8	0.8	—
肝	5	25	4.0	0.9	0.9
鸡蛋	5	25	3.7	2.9	0.1
窝头	20	100	3.6	3.4	20.3
大白菜	8	40	0.5	—	1.2
酵母	2	10	3.2	0.1	2.1
食盐	—	0.2	—	—	—
水	5	25	—	—	—
合计	100	500	50.7	22.4	24.6

注：5千克标准为2090千焦，每418千焦9.5～10.5克可消化蛋白，可消化脂肪为2.5～3.9，碳水化合物2.8～4.6。上述各乘5份，分别为50，12.5～19.5，37.5～23。即可消化脂肪略高

按表17中日粮比例配制结果与饲养标准比较，代谢能、可消化蛋白质、脂肪和碳水化合物基本上在标准范围之内，仅脂肪略高些。此仅是一头母狐日量，乘以全群头数为群日量，群量也要分早晚饲量（4：6）。维生素要一头给量乘以全群头数，晚饲时1次给予。

四、狐的不同生物学时期饲养管理要点

狐生物学时期的划分见图 5。

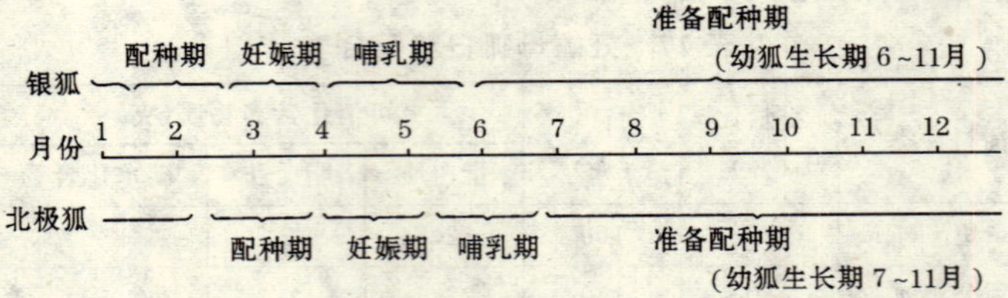

图 5　狐生物学时期的划分

(一)准备配种期和配种期

1. 准备配种期

一般习惯认为,狐在配种前 1.5～2 个月为准备配种期,实际上公狐从配种结束,母狐从断乳分窝后,预备配种狐从秋分开始就应当进入下一个繁殖季节的准备配种期。因为公狐在配种期和母狐在产仔哺乳期体力消耗很大。为了加快使种狐体力恢复,种公狐在配种结束后,母狐在断乳后 10～15 天内饲料仍要保持配种时期和哺乳期的营养水平。实践证明,凡体力恢复好的种狐,换毛较早,毛色光亮。从秋分开始公母狐的性器官均开始发育,这时种狐(包括预备狐)要与皮兽分开饲养,种狐的营养水平要比皮兽高,即每 418 千焦代谢能 8～9 克可消化蛋白质,并供给维生素 E,每头每天 10 毫克,只有这样,才能保证性器官正常发育。银黑狐从 11 月中旬开始,北极狐从 12 月中旬开始已临近配种期,日粮营养水平要求每 418 千焦代谢能,可消化蛋白质要达到 10 克,维生素 E 要达

到每日每头15～20毫克。银黑狐到1月，北极狐至2月份维生素E要达到30毫克的供给量(芬兰狐可按每千克体重5毫克维生素E)。只有在上述饲养水平基础上，才能保证狐的正常发情和配种。

从生态角度上，种狐(包括预备狐)从秋分开始都要摆在棚舍的向阳侧，接受自然光照，通过紫外线作用于下丘脑，促使分泌性激素，促进性器官发育。实践证明，这种方法对促进性器官发育大有益处。

银黑狐从12月中旬，北极狐从1月中旬要进行调整体况，即肥度(体重∶体长)，公狐达到中上等水平，即肥度在90～100间较为理想；母狐肥度调整到中等水平，即肥度在80～95间较为合适。种狐体况调整得好坏，关键在于饲养人员在饲喂分食上下功夫。肥度大的要减食或停食；对那些瘦弱的狐要多给食，对有病的要及时请兽医治疗，尽早使其恢复体况。对个别狐要单独照顾。一个好的饲养员，他所养的狐应基本上能够达到全群体况均衡一致。

日常要保证每天至少有饮水2～3次，保持狐场环境卫生，配种前笼舍要用喷灯消毒1次，特别是公狐笼更应彻底消毒，因配种放对是母狐往公狐笼内放。另外，种公狐和母狐配种开始前要用0.1%高锰酸钾水清洗公狐包皮口和母狐外阴部，以防交配带菌，引起子宫内膜炎。

配种前技术人员和饲养员要根据种狐谱系做好配种计划，严防近亲交配。

2. **配种期**

饲养人员经常检查狐的发情情况，由于经常抓狐，要求饲养人员在每次抓狐时，不要马虎大意，否则易发生跑狐、人狐皆伤事故，影响本群及他群配种进度。配种时尽量用本群公狐配本群母狐，不要串群乱配，一不利于防疫，二不利于翌年血缘轮换。配种期种狐食欲下降，应给予新鲜、全价、适口性强的饲料，营养水平要求每418千焦代谢能中可消化蛋白质不低于10克，每日每头给维生素E 30毫克（芬兰狐按每千克体重5毫克给予）。配种公狐由于体力消耗大，中午要补喂1次饲料或0.5～1个煮熟的鸡蛋。要保证有充足的饮水，每天至少饮水4次。放对要在清晨，对已发情好、早上没配上者，可在当天傍晚凉爽时再放对。如果是人工授精，也要在早上检查发情程度，并用试情公狐试验，母狐完全接受公狐交配者，送到人工授精室，进行人工授精。发情检查，对大群可隔日检查，发情接近交配程度者，要天天检查，直到能配为止。首次交配的公狐，要进行精液品质检查，经3次检查无精子或全部死精子的，应淘汰不用。所配的母狐要用精液品质好的公狐补配。复配要连日或隔日进行，银黑狐一定连日复配，因为它发情持续期短。北极狐可以隔日复配，除因其发情持续期长外，而且比银黑狐排卵时间晚。复配以2～3次为宜，过多使阴道或子宫带进异物机率增大，易引起子宫内膜炎，进而造成空怀或流产。

配种期银黑狐从1月中旬到3月末，北极狐从2月中旬到4月末，为期2个半月，时间较长，起早、贪晚要求饲养员要有耐心，特别对那些多次交配不成功者，一定要耐心工作。另外要求狐场环境保持安静。

（二）妊娠期

公母交配结束或人工授精结束后，母狐即进入妊娠期，饲料要求新鲜、全价、多样、适口性强。切记发霉变质的饲料不能喂狐，2～3照毛蛋也不能喂狐，以防止死胎、烂胎和流产出现。胚胎在妊娠前期发育较慢，后期发育较快，到30天即可看出腹部下垂。其营养水平是一年当中最高的，要求每418千焦代谢能，银黑狐为10克可消化蛋白质，北极狐为11克可消化蛋白质。维生素E每头每天20～30毫克。在整个妊娠期饲料品种要保持相对稳定。

部分妊娠母狐在妊娠前期具有妊娠反应，不食或呕吐、食欲不振等，发现此种情况不必惊慌，给母狐喜欢吃的食物，如牛奶、鸡蛋（熟）等，只要每天能坚持吃些食，就不会影响妊娠和产仔。

此期要求狐场安静，杜绝一切机动车出入，停止一切场内施工，更重要的是防止生人和参观者入内，应尽量防止意外惊动（鞭炮声、炸药声等）发生，防止跑狐抓狐。否则易造成流产。

要保证狐群全天供应饮水，饮食具每天要刷洗，每周还用消毒液（高锰酸钾水）洗1～2次，在寒冷北方产箱中要铺以垫草，以防寒流侵袭引起感冒。饲养人员每天都要注意观察妊娠狐群动态，发现有病不食者，要及时请兽医治疗，使其尽早恢复食欲，免得影响胎儿发育。饲养人员每天详细查看笼网及门栓，严防跑狐。否则，常因跑狐抓狐引起流产，或引起妊娠狐惊恐而出现流产。

（三）哺乳期

狐经52天妊娠（49～58天）就产仔了。产前5～7天要把产箱消毒好（用火焰喷灯消毒），并铺以柔软杂草，垫草应事先在阳光下进行紫外光消毒。在寒冷北方（吉林、黑龙江及内蒙古），在产箱内的垫草四角压实，人工造窝，在低纬度的河北、山东，垫草不要铺得太厚，具体产仔保胎在前面繁殖技术部分已详细讲过，此处不再重述。哺乳期营养水平，大致与妊娠期一致，银黑狐每418千焦代谢能可消化蛋白质要求10克，北极狐要求可消化蛋白质10～11克。饲料在妊娠期基础上要增加乳品饲料2%～3%，对母狐泌乳大有好处。饲料要求全价、新鲜、适口性强。母狐产后头5天食欲不佳，但5日后，特别哺乳到中期后食欲大增。一定要记住有一个仔狐就有1份饲料，仔狐不能吃食时，由老母狐吃掉而产生乳，仔狐会吃食时仔狐自己吃。因此，哺乳狐饲料要不断按份数增量。具体增法，参考表11和表12注释中哺乳仔狐补充饲料。

要保证哺乳母狐全天候饮水。发霉变质饲料不要喂哺乳母狐和仔狐，以防止仔狐得胃肠疾病。河北、山东的狐哺乳期正处在炎热天气，保障全天清凉饮水，对防暑降温大有好处，对预防热射病有益。另外，哺乳期要注意环境卫生及饮食具卫生，饮食具要每天清洗、每周用火碱消毒2次，对已会吃食仔狐的窝要及时清扫(因会吃食后，母狐就不舐食仔狐的粪便了)，保持产箱内卫生。

注意母狐哺乳情况，如母狐不让仔狐吃奶，而且有伤害仔狐的行为时，要查看是否够45天，如果够，可行分窝。如果不够，说明母狐泌乳力不强，可个别增加乳品饲料喂母狐，以促进其泌乳。

哺乳期狐场亦应保持安静，防止生人进入和意外惊动(爆炸和鞭炮声响)，有时因生人进入使母狐不安，往往出现叼崽和吃仔现象。因此，应杜绝参观者进入场内。

(四)育成期

育成期是幼狐生长发育最迅速的阶段，特别是幼狐在2～3个月龄时，其绝对增长最快。此期饲养得好坏，直接关系到预备种狐来年能否繁殖，皮狐能否达到标准尺码和质量要求的关键时期。银黑狐和北极狐的生长速度见表18。

表18 银黑狐和北极狐的生长速度 （单位:克）

月龄	银黑狐				北极狐			
	公		母		公		母	
	体重	绝对生长	体重	绝对生长	体重	绝对生长	体重	绝对生长
初生	100	—	90	—	80	—	60	—
1	730	21	670	19.5	690	20	635	19
2	1850	36	1650	31.1	1640	35	1640	31
3	3140	39	2740	32.0	3060	35	2720	30
4	4310	30	3700	25.0	4110	25	3620	22
5	5210	15	4450	13.0	4860	15	4280	15
6	5660	10	4840	8.0	5310	5	4640	5
7	5960	4	5080	2.0	5460	2	4790	1

注：绝对生长为每天增长的克数

仔狐生后8周龄(55～60天)，即可断乳分窝，但也不是绝对的，应视母狐乳量多少及其母子关系好坏而定。多数常因母乳减少，出现因母狐拒绝仔狐哺乳而提前断乳，但仔狐哺乳不应少于45天。断乳是将母子分开，仔狐由于离开母狐和同伴，大都表现应激反应，如不吃食、嘶叫、行动不安和怕人等。所以，在分窝后尽量少惊动，并给予原来哺乳期的饲料7～10天不变，待仔狐习惯于独立生活后，再按青年狐标准配制日粮饲养。其饲料量随日龄的增加而不断增加。其标准每418千焦代谢能要求可消化蛋白质7.5～8.5克，同时要保证钙、磷、鱼干油(维生素A、维生素D)、维生素B_1、维生素B_2和维生素C的供给，预备种狐从9月龄开始提高标准，即每418千焦代谢能9～10克可消化蛋白质。在上述标准下还要每418千焦代谢能供给动物脂肪 4～5 克，以满足青年狐对能量需求，特别对芬兰狐及其杂种一二代，其饲料量还要比普通青年狐增加 0.5～1 倍，相应也要增加脂肪给量，否则显现不出优良品种及杂种优势。

幼狐饲养方法，在每份日粮比例不变的情况下，不断随着日龄增加而增加日粮的份数，即按食欲不断增加饲料量，以满足青年狐生长发育的需要。仔狐最初分窝时可 2～3 头同在 1 个笼内饲养，但不能超过 10～15 天，必须进行单笼饲养，以避免因相互争食而造成发育不均衡的现象。10 月份后可减少脂肪给量，而增加谷物量，日粮中动物性饲料要保证色氨酸、蛋氨酸和胱氨酸供给，以保证毛皮的成熟和质量。

狐育成期正处于盛暑，特别是低纬度的山东、河北及以南地区，要注意防暑降温，保证饮水供给，注意遮阳，有条件的场可洒水降温。此期小狐生长快，食欲旺盛，饲料要煮熟，为防止胃肠臌胀症发生，一定要清晨和傍晚凉爽时喂食，亦可每天喂 3 次。最好调料干些，相对饲料量就少些，以避免因量大得臌胀症。

此期正是考察种狐最好时期，可对产仔多、成活力高的母狐进行窝选，即初选，要多留 30%。仔狐分窝后 3 周(21 天)要打犬瘟热、病毒性肠炎及脑炎疫苗，以预防这 3 种病发生。8 月末 9 月中旬还要进行复选，要多留 20%。取皮前要进行精选，此时主要看发育好坏，毛色优劣，要严格挑选，亦要多留 1%～2%的种狐数。

第九章　取皮及初步加工

一、取皮季节和毛皮成熟的鉴别

狐的屠宰时间，主要取决于毛皮的成熟度。狐每年换毛1次，春季3～4月份首先是脱换绒毛，在脱换绒毛的同时，针毛也迅速生长与脱换。换毛先从头、颈和前肢开始，其次为两肋和腹部、背部，最后是臀部和尾部。换毛完了并不等于毛皮成熟，还要有一段生长过程。为了使狐的毛皮尽早成熟和提高毛皮质量，在饲养上需增加蛋白质饲料，特别是含硫氨基酸（蛋氨酸、色氨酸和胱氨酸）的供给。

近年来，为了使毛皮提前成熟和节约饲料费用，应用褪黑激素埋植技术，来达到提前4～6周取皮，相应也就节约1～1.5月的饲料费。具体方法是，淘汰种狐在6月上旬，幼狐需在7月上中旬，在狐颈部皮下埋植2颗粒。用特制的埋植器打入皮下。当褪黑激素埋植后一定要给狐冬毛生长期的饲料，才能使毛皮提早成熟，但应用激素的皮张比不用激素的季节皮价格低15%～20%，而且皮货商很会识别。毛皮成熟与否，可通过检查皮肤颜色来鉴定。简单的方法是：将毛绒分开，去掉皮肤上的皮屑观察，当皮肤为蓝色时，皮板为浅蓝色；当皮肤为淡蓝色或玫瑰色时，皮板呈白色，皮板洁白是毛皮成熟的标志。进入毛皮成熟时节可试剥1～2张，看毛皮和皮板是否成熟，才是最有把握的。从外观上看，毛皮成熟的标志是：全身毛锋（针毛）长齐，尤其是臀部和尾部。毛长绒厚，被毛丰满、有光泽、灵活，尾毛蓬松。北极狐来回走动时，颈部和躯身毛绒出现明显的毛裂。

毛皮成熟大致季节是每年小雪到冬至前后。银黑狐取皮一般在12月中下旬；北极狐略早些，一般在11月中下旬。上述是常规大致时间，各场因地理位置、气候条件和饲养水平差异，要根据各自毛皮成熟程度来决定取皮时间。

二、处死方法

处死狐的方法很多，本着处死迅速、毛皮不受损坏和污染，而且经济实用为原则，以药物处死法、心脏注射空气法和电击法等较为实用。

（一）药物处死法

一般用肌肉松弛剂司可林（氯化琥珀胆碱）处死，剂量每千克体重0.5～0.75毫克，皮下或肌内注射后3～5分钟死亡，死亡前动物无痛苦、不挣扎，不损伤和污染毛皮。残存体内药物无毒性，不影响尸体的利用。

（二）心脏注射空气处死法

一人用双手保定住狐，术者左手握住狐胸腔心脏部位，右手拿注射器，在心脏跳动最明显处针刺心脏，如见针管有血液回流，即可注入10～20毫升空气，因注射空气使心脏和中枢神经系等重要器官的血管发生空气栓塞，血流中断，功能受损坏而死亡。

（三）普通电击处死法

将连接 220 伏火线（正极）的电击器金属棒插入狐肛门内，待狐前爪或吻唇接地时，接通电源，狐立即僵直，5～10 秒钟死亡。电击器形状见图 6。

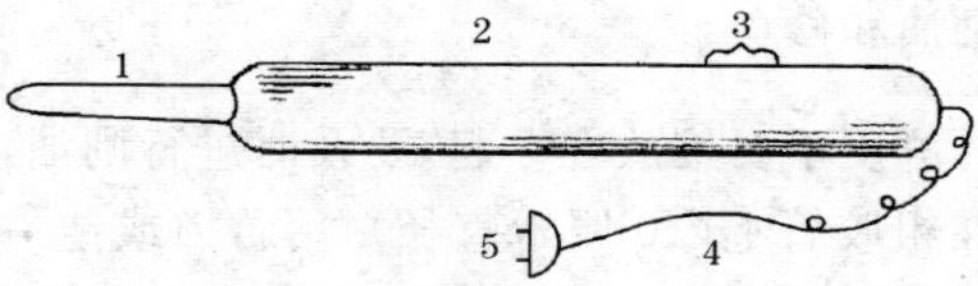

图 6　狐电击器示意图

1. 金属棒　2. 绝缘外壳　3. 开关　4. 导线　5. 插头

三、剥皮技术

处死后的尸体，不要堆积在一起，以避免焖板脱毛，而应立即剥皮，因冷凉尸体剥皮十分困难。狐皮按商品规格，剥成筒皮，并保留四肢趾爪完全。但也有不保留前肢的(肘关节下不要)。具体步骤如下。

（一）挑　裆

用剪刀从一侧后肢掌上部沿后腿内侧长短毛交界处挑至肛门前缘，横过肛门，再挑至另一后肢，最后由肛门后缘沿尾中央挑至尾尖方向中下部，再将肛门周围连接的皮肤挑开。

（二）剥　皮

先剥下两侧后肢和尾，要保留足垫和爪在皮板上，尾骨要全部抽出，并将尾皮沿腹中线全部挑开，然后将后肢挂在钩上，作筒状由后向前翻剥，剥到雄性尿道口时，将其剪断。前肢也作筒状剥离，在腋部向前肢内侧挑 3～4 厘米的开口，以便翻出前肢的爪和足垫。翻剥到头部时，按顺序将耳根、眼睑、嘴角、鼻皮割开，耳、眼睑、口唇都要完整无缺地保留在皮板上。

（三）刮油和修剪

剥下的鲜皮不要堆放在一起，要及时进行刮油，即将狐皮毛朝里套在粗胶管上(10 厘米直径)，用竹刀或钝一些的电工刀，将皮板的油、血、残肉，由后向头部一段一段的刮掉，刮时用力不要过猛，以免损伤毛囊或毛皮，刮到公狐尿道口和母狐乳房处，因皮板薄，要轻刮。总之要把皮板上的脂肪全部刮净，而且不要损伤毛皮。

头部和开裆处的脂肪及残肉，不容易完全刮掉，要专人用剪刀贴皮肤慢慢修理剪掉。

（四）洗　皮

刮完油的毛皮要用杂木锯末（小米粒大小）或粉碎的玉米芯搓洗，先搓洗皮板上的附油，再将皮翻过来洗毛被上的油和各种污物。洗的方法是，先逆毛搓洗，再顺毛洗，遇到血污或缠结毛要反复洗，直到洗干净为止。锯末要用水拌湿到用手攒不出水的程度。洗完后将锯末抖掉，或用小木棍敲掉，使毛皮达到清洁、光亮、美观的程度。千万不要用麸皮或松树锯末洗皮。

大型饲养场毛皮数量大，可利用转鼓和转笼洗皮。先将皮板朝外放到装有半湿锯末的转鼓里，转动几分钟后，将皮取出，翻转皮筒，使毛朝外，再放入转鼓中洗。为脱掉锯末，将毛皮取出，放到转笼内运转 5～10 分钟（转鼓和转笼的速度为每分钟 18～20 转)以甩掉被毛上的锯末。

四、上楦板和干燥

狐皮洗好后,要先将毛朝里上到固定规格的楦板上(图7)。河北、山东可放到室外自然干燥,呈半干时,再翻转毛皮,使毛朝外,再上到楦板凉干。上楦板时头部摆正,使皮左右对称,下部要拉齐,并用 6 分小钉固定,后腿和尾也要用小钉固定在楦板上。楦板的规格见表 19 和图 7。芬兰狐及其杂种狐皮的楦板规格宽度和长度都要适当放宽放大。

表 19　狐皮楦板规格　(单位:厘米)

	长　度	宽　度
顶端	0	3
↑	5	6.4
	20	11
	40	12.4
	60	13.9
	90	13.9
	105	14.4
	124	14.5
↓	150	14.5
末端	160	15.0

大型养狐场设有干燥室。将上好楦板狐皮移到具有调温调湿设备的干燥室中,将每张上好楦板毛皮分层放到吹风干燥机上,并将气嘴插到皮张的嘴上,让干气流通过皮筒(毛朝

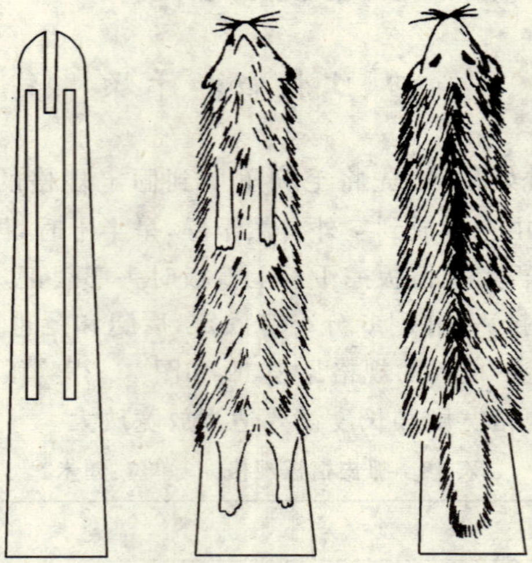

1　　　　2　　　　3

图 7　狐皮楦板和上楦图

1. 狐皮楦板　2. 狐皮上楦腹面　3. 狐皮上楦背面

外上楦板)。在室温 18℃～25℃,相对湿度 55%～65%,每分钟每个气嘴吹出的空气为 0.28～0.36 立方米条件下,狐皮经 34～36 小时即可干燥。从干燥室取下狐皮还要放在常温下吊起来在室内继续晾干一段时间。

五、整理、验等和出售

干燥好的毛皮要再次用半湿锯末清洗,对大的油污和缠结毛,要用排针梳梳开,并用新鲜半湿锯末反复洗,最后使整个狐皮毛蓬松、光亮、美观,给人以活皮之感为准(见彩页)。

本场技术人员对生产的毛皮根据商品规格、毛皮质量(成熟度、针毛完整性、绒毛厚薄，有无残缺及伤口大小等）初步分等。毛皮等级（在针毛完整、绒毛丰厚、无残伤条件下）如下：

尺码（鼻端到尾根）	等级	长度
	“0000”级	127厘米以上
	“000”级	117～126厘米
	“00”级	107～116厘米
	“0”级	97～106厘米
	1级	88～96厘米
	2级	79～88厘米
	3级	70～79厘米

我国裘皮属于自由交易商品，可在场内、家中或到毛皮市场内进行交易。我国的毛皮市场在河北省有4个，即蠡县的留史、肃宁县的尚村、枣强县的大营及辛集市，都属毛皮（生、熟皮）集散地；浙江省海宁是裘装集散地；浙江崇福镇为原料皮集散地；广东的东莞市是进口皮加工地。另外，在北京有雅宝路和大红门两个市场，在重庆市也有毛皮市场；辽宁省首山每年在毛皮取皮冬季有季节性毛皮交易市场，黑龙江省黑河市和绥芬河市两个口岸毛皮市场。每年当皮张收获季节（12～3月），上述毛皮市场的皮货商便到全国各地养狐场和专业户登门收购。因此，狐皮既可在家等待皮货商到来，也可直接到毛皮市场进行出售。但场家或专业户必须掌握当时毛皮市场的行情，以便于有的放矢地交易。

第十章　养狐场的计划管理

养狐场的建立，从现代企业经营角度看，必须取得可靠的国内外信息后，提出全面的可行性论证报告，得到主管或有关部门批准，并取得林业野生动物保护部门驯养许可证，国家同意拨给资金，或集体筹集及家庭自筹资金落实之后，才能建场。为了把养狐场办好，必须有一个详细的短期和长远的计划。

一、计划管理的重要性

计划本身就是为之奋斗的短期或长期目标，为了实现这些目标，就要强化管理措施。建立养狐场需要根据当前技术发展、市场需求、饲料条件、产品价格和饲养成本等多方面的预测结果，来制定短期或长期目标。如 3～5 年或 10 年，饲养多大规模，每年出产多少皮张，毛皮质量达到什么水平，“0”号以上的皮张达到百分之多少等，都应有明确目标，另外，还要根据国内外市场的需求，相应调整饲养的种类和品种，如银黑狐和北极狐、赤狐和银黑狐的变种彩狐、北极狐变种彩狐、芬兰北极狐，或生产狐属和北极狐杂交狐。当然，亦可饲养其他种类的肉食毛皮兽如水貂、貉及艾虎等。总之，要有市场经济意识，不断根据市场需求调整养殖种类和规模，才能有广阔发展前途。多品种饲养一可饲料互补，大型和小型毛皮兽副产品肉类相互利用；二可降低品种单一经营的风险。

养狐业是一项计划性很强的工作。狐的繁殖季节性强，所以计划强调时间性。由于繁殖期集中，涉及饲料、笼舍、防疫及销售各个环节，更为突出的是流动资金是否充足等，哪方面存在问题，均影响生产效果和经济效益。因此，计划要周密，才能保证生产的顺利进行。狐场计划管理的内容很多，较为重要的是狐场的经济核算、饲料供应和生产计划。

二、狐场经济核算

（一）狐的生产成本分析

养狐生产的目的，就是向市场提供商品狐皮和优质种狐，降低饲养成本，能够盈利。

在养狐的经营中，其成本本身就是单位产品人力和物力的消耗。它又分为直接成本和间接成本。

1. 直接成本

是指投到产品生产过程的成本，包括饲料费、现场人员工资、狐场直接使用的工具、场地、当年的维修费等，还有狐的疾病防治费（包括防疫费），这些部分的消耗占成本的绝大部分。

2. 间接成本

是指服务于生产的消费。如后勤与行政人员工资、非生产建设投资、行政管理费、主要生产设备折旧费和维修费、饲料损耗费等。一般这部分费用占成本比例较小。经营管理好的大场，因管理配套有序，可相对减少间接费用的消耗。

幼狐的育成费是养狐场主要成本支出项目，详见表 20。

表 20　幼狐育成的成本　(%)

种　类	饲　料	饲料加工	工　资	其他直接成本	间接成本	总　计
银黑狐	70.4	4.1	11.8	8.0	5.7	100
北极狐	72.8	4.1	10.9	6.5	5.7	100

(二)狐场生产总收入分析

狐场主要经济收入包括:出售种狐和出售狐皮的收入,狐副产品(狐心和尸体)和粪肥收入。

收益的多寡与科学生产水平关系极大。在相同条件下,科学地配制饲料及合理选种选配,可提高单产,提高预备种狐质量和毛皮质量。另外与饲养员技术水平有极大的关系。好的饲养员能成倍超产,而技术较低的饲养员连自己定额都完不成。因此,要想使狐场收益增加,要依靠科学饲养,而饲养好坏主要依靠饲养员来实现。为此,要加强饲养员科技培训来提高技术水平,创造好的经济效益。否则,不会有好收益。

(三))狐场生产经济效益分析

狐场的收入减去总支出,正数为盈,负数为亏。一般在正常生产水平下,狐群平均每胎成活数:北极狐为 6 头,银黑狐为 4 头。在国内外皮张价格平稳的情况下,产品按皮张计算,其成本利润率北极狐为 30%～50%,银黑狐为 40%～60%。如果产品中有 1/3 作为种狐出售,其效益可更多些。这种分析建立在狐皮价格平稳基础上,倘若市场价格下滑,则可能不够成本,反之价格上涨,则利润会增加。

(四)提高经济效益的主要措施

提高养狐场经济效益的主要措施是降低成本和增加收入,即以最少的投入,换取最大的经济效益。这与合理的科学饲养管理、建立适合市场需求的高质量狐群及提高经营管理水平有直接关系。

1. 降低饲养成本的措施

(1)降低饲料成本　饲料是养狐业中最大支出项目。因此,合理地利用饲料,减少饲料浪费,是降低饲料成本的关键。这就要因地制宜按饲养标准配制日粮,不能随意地提高日粮营养水平;在狐繁殖期要合理利用肉、蛋、奶饲料,而在非繁殖期,要适当用海杂鱼及肉副产品饲料,在保证动物营养需要的前提下,尽量使用廉价饲料。但也绝不能为了降低饲料成本,而忽略狐的营养需要,如狐在生长期的饲料如果保证不了营养需要,则使狐发育受阻,预备狐达不到种狐标准,皮张达不到需要质量,反而相应地增加了成本,造成经济损失。

(2)减少饲料浪费　饲料在采购、运输、贮藏、加工过程中,数量和质量上的损失也是一个不小的数字,在饲料管理工作中,应特别注意质量管理,常因饲料质量不好,不能喂狐而造成直接经济损失。勉强使用也要增加加工费用,而且影响狐的健康,会造成更大经济损失。饲料贮存不当,氧化酸败,既降低营养价值,也常因添加抗氧化剂而使支出增加。

(3)降低间接支出　如减少不必要的后勤管理人员;在狐的疫病防治上,贯彻以“预防为主,防重于治”的原则,杜绝恶性传染病的发生,对常见维生素缺乏症、线虫病及螨虫病要严加预防,尽量减少狐的死亡,节约医疗费用等。

2. **增加收入的措施**

(1)提高产品数量和质量　在饲养条件允许的条件下,狐的饲养总头数和产品数量越多,每头狐所均摊的直接费用和间接支出费用越少。换句话说,数量越多,经济效益越高,这就是我们通常说的规模效益。因此,要把提高生产水平、增加产品数量作为增加收入的主要措施。当然产品质量好坏对增加收入更有直接影响,如甲级皮比丙级皮售价高出 1 倍以上,而两种皮生产成本是一样的。此外,高质量的养狐场,出售种狐数量增加,也相应增加收入。所以,养狐场应始终把育种工作作为经常任务,不断提高产品数量和质量,以增加经济效益。

(2)多种经营,综合利用　养狐场不应单一经营,要养两种或两种以上动物,如水貂、貉及艾虎等,以便饲料合理利用。如用貂和狐的剩食可喂貉。另外,冬季屠宰季节,尸体可互用,能减少饲料费。还可避免单一经营的风险性。

(3)掌握市场信息,生产对路毛皮商品　近年(从 1996 年开始)引入芬兰北极狐,原种芬兰狐皮张为我国小型北极狐皮张价格的 2 倍以上,其杂种狐(芬兰狐与小型北极狐杂交种)亦比小型北极狐皮张价格高 1/3。再如狐属与北极狐属属间杂种狐皮,价格一直很高,而且很受国内外客商欢迎。因此,要掌握信息,生产对路毛皮商品,以提高经济效益。

(4)加强科技投入,促进生产,增加效益　科学技术是生产力,这是毋庸置疑的真理,如引入芬兰狐,开展属间杂交,需用人工授精技术,这就需要引入、学习和投入,才能将其变为生产力,增加收入。因此,作为养狐场应不断引入先进科学技术,才能不断提高经营水平,增加经济效益。

三、养狐场的饲料计划

饲料是狐场不可缺少的重要生产原料，它关系到养狐场的成败与发展。因为动物性饲料在采购、运输和贮存上都有一定的难度，必须有周密的计划，保质保量，及时供应。

饲料是养狐之本，应因地制宜利用当地饲料为主。在沿海地区或离海较近地区应以海杂鱼为主；内陆地区距江河、湖泊、水库近的地区，应以小江杂鱼为主。养鸡发达地区应以公鸡雏及鸡副产品如鸡架、鸡尾、鸡内脏为主；养羊发达地区，应以晚秋、冬季和早春冻死羊羔肉为主。内地除上述饲料外，亦可购买专业生产厂家提供的全价颗粒料或干粉料。

不同种类、不同年龄的狐，各季饲料消费量见表21。芬兰北极狐或其杂种狐，其用量要比表21中增加1/3～1/2的量。

表21 每头狐各季的饲料消耗大致量 （单位：千克）

季 度	鱼肉类	乳 类	谷 物	蔬 菜	鱼干油	干酵母
成年银黑狐						
1	24.8	4.4	3.4	2.3	0.18	0.76
2	43.8	18.4	7.4	4.8	0.38	1.43
3	28.9	—	5.5	2.6	0.11	0.68
4	23.9	—	5.8	2.6	0.06	0.52
合计	121.4	22.8	22.1	12.3	0.73	3.39
幼龄银黑狐						
2	6.4	1.4	0.9	0.5	0.04	0.19
3	25.9	—	4.8	2.4	0.09	0.73
4	24.7	—	5.7	2.7	0.06	0.54

续表 21

季　度	鱼肉类	乳　类	谷　物	蔬　菜	鱼干油	干酵母
合计	57.0	1.4	11.4	5.6	0.19	1.46
成年北极狐						
1	29.9	—	2.7	4.6	0.12	0.68
2	57.2	13.8	6.7	10.9	0.27	0.68
3	30.7	—	3.6	8.5	0.14	0.95
4	32.4	—	3.7	9.0	0.15	1.01
合计	150.2	13.8	16.7	33.0	0.68	3.32
幼龄北极狐						
2	3.3	0.5	0.5	0.9	0.02	0.11
3	30.7	—	3.4	6.9	0.13	0.87
4	31.4	—	5.1	7.9	0.15	1.06
合计	65.4	0.5	9.0	15.7	0.30	2.04

狐场可根据表 21 中每头一季度量计算全群季度消耗量，根据需要量组织采购、贮存，绝不能盲目采购而造成积压。饲料积压一是占用资金，影响周转；二是长期贮存，易使饲料氧化变质而造成损失。

由于各种饲料营养价值不同，当需要互相代替时，按下列方法折算，这仅是能量效仿，而不是必需氨基酸的比对，仅供参考。

与 100 克瘦肉相当的其他饲料如下。

鲜内脏 150 克　　全鱼 125 克

肺 160 克　　蚕蛹 45 克

血 130 克　　腿爪 200 克

家畜头 170 克　　黄豆、葵花籽饼 60 克

脾 125 克　　　　　　　　乳房 150 克

鱼内脏 125 克　　　　　　鸡杂碎 200 克

四、养狐场的生产计划

(一)生产任务

主要计划每个母狐平均育成的幼狐数及总的商品产量和年终增加的留种数量。

计划每个母狐平均育成幼狐数时,要考虑基础狐群的水平、上年饲养管理水平、饲养人员业务熟练程度及狐群年龄比例情况,在正常情况下,银黑狐为 4～4.5 头,北极狐为 6～7 头。初产母狐要低些,经产母狐要高些.二者相差 25%～35%。

饲养人员的生产定额应与全场生产计划相一致。应明确以下的年度指标:固定给每个饲养员、饲料加工员负责的种狐头数(60～80 头母狐),生产狐皮的定额(指种狐和一级皮率)。生产定额应根据本场历年完成指标情况、狐群情况及人员素质条件以及机械化程度等合理确定,要留有余地,切实可行,并与按劳分配原则结合起来。新建的狐场,而且是新引进的幼狐种,饲养人员定额应比老场低 35%～40%。

(二)生产任务的落实

生产计划经全场职工讨论通过后,要层层落实,大的场子要由生产队长和技术人员领任务,每个饲养员要明确自己定额是多少。饲料加工员负责完成各个饲养员饲养狐群总数的饲料加工任务,全场人员,特别是后勤人员都要为全场总计划的实现而奋斗。场长和兽医要把狐群全年防疫工作落实,即一年打2次疫苗和平时防治工作，以确保狐群的正常繁殖和生产目标的实现。因此，要明确各级人员的职责。

1. 场　长

负责全场全面工作，重点组织全场生产劳动，保证饲料供应，制定劳动定额，签订劳动合同，在生产队长、技术人员协助下完成生产计划、总收入计划、产品质量提高计划等。

2. 生产队长

监督饲料出库和加工，保证饲料质量，组织现场人员进行狐繁殖、育种、饲养管理、疫病防治、产品初加工和现场维修等具体工作，根据劳动定额，核算饲养员、饲料加工人员完成生产计划定额情况及效率。

3. 技术员

编制饲料日粮和具体狐群改良提高等技术措施；解决生产中具体技术问题，监督和配合场长、队长执行生产计划，管理好技术档案。

4. 饲养员和饲料加工员

严格按生产队长和技术员要求和规定，努力完成生产定额及其他劳动任务，在生产中发现问题，及时报告给队长和技术人员。

（三）加强技术培训，提高专业技术水平

科学技术是生产力，加强对狐场职工的技术培训工作，并结合生产实践提高每个职工的专业技术水平，是提高本场生产力的有力保证。有条件的场可在完成生产任务的同时，开展新的科学试验工作。以新的科学技术成果促进本场的技术进步，这对不断壮大技术力量和提高本场技术水平，具有重要现实意义。

第十一章 狐的疫病防治

一、狐场的卫生管理

防治狐的疫病，必须贯彻防重于治的原则，即对恶性传染病要重点预防，对一般因饲养管理不当而发生疾病，应加强饲养管理，减少此类疾病发生。养狐场要把防疫工作列为主要工作来抓，否则，一旦发生传染病，将造成无法挽回的重大损失。

(一)饲料卫生

1. 绝对禁止从疫区采购饲料

有很多传染病，如犬瘟热、狂犬病、鼻疽、结核、巴氏杆菌病、肉毒梭菌中毒症、布氏杆菌病等是家畜和毛皮兽共患传染病。有些还是人畜共患传染病，特别是禽流感，危害更大。因此，从疫区采购的病畜肉类饲料易引起疫病暴发流行。

2. 严防饲料发霉变质

管好库房和冷库，严防饲料发霉变质。对已知不新鲜或变质饲料应停止喂狐，或经过无害化处理后方可再喂。要重视灭鼠，因为鼠是很多疫病传播者。曾有的狐场因发生鼠传染的支原体疾病，而使分窝仔狐大批死亡，造成重大经济损失。

3. 清除饲料中有毒有害物质

肉类饲料加工前要清除杂质，如泥沙、变质的脂肪(发黄变绿的)，挑出毒鱼，用清水洗干净方可进一步加工。

（二）饮水卫生

狐的饮水要清洁、无污染。要管理好水源和饮具，饮水器具要经常刷洗、消毒；防止藻类和霉菌滋生。

（三）笼舍卫生

1．清理笼舍内污物

小室和笼网内的粪便要定期清除，防止粪便在笼内堆积。

2．搞好垫草卫生

垫草是防寒保温、梳毛及产仔保温的必备材料，垫草要求干燥、无污染、无腐烂，还要防止鼠絮窝而传染疫病。垫草用前要在强烈日光下暴晒，利用太阳光中的紫外线消毒。

3．除粪灭蝇

笼舍下的粪便应每天清除，特别是低纬度地区在夏季更应如此。粪便运出场外，进行生物发酵，粪便堆积在粪坑中进行生物热发酵，既能杀死粪便中的病原微生物和寄生虫，还能防止蝇的繁殖。

（四）饲料加工及饲喂用具卫生

1．饲料加工室的卫生

饲料室被称为养狐场的心脏。因此，它的卫生非常重要。饲料室的地面要随时清扫、冲洗和消毒，特别是每次加工完了，要彻底冲净，勿留死角，以防细菌繁殖。

饲料室内要防止有害物质混入，当然也要禁止用有毒、有异味的药物消毒。

饲料室工作人员进出饲料室，要更换工作服和鞋。非饲料加工室人员严禁进入饲料室。

2. 饲料加工用具和食具卫生

饲料加工用具和食具每次用完都要彻底冲洗刷净，每周消毒1次，如有疫病发生，每次用完都要煮沸消毒。

二、狐场的防疫管理

(一)控制传染源

1. 加强疫病检疫工作

凡引入新狐，都应隔离饲养2周以上，或经过必要检疫，确认健康无病方可进场混群饲养。各种饲料、物品等都应从非疫区购入。

2. 严禁其他动物进入狐场

野犬、野猫和乌鸦是犬瘟热病的病毒携带者。因此，严防上述动物进入狐场，同时犬、猫等动物也不应混养于场内。为了警卫可以养少数警犬，但一定要定期随狐进行防疫接种。

3. 做好日常消毒工作

狐场出入口应设消毒槽，以防工作人员及客人带入传染病的病原体。班组之间各种养狐用具或工具，最好不串用，尤其是在发生疫情时更不能串用，以免扩大传播。定期进行全场性预防消毒。

(二)定期接种疫苗

每年春天配种前，即每年12月末到翌年1月初，必须对种狐进行传染病预防接种，主要是犬瘟热、病毒性肠炎和脑炎等。7月中旬前后对幼狐和种狐再次接种，只有这样，才能避免上述疫病发生。幼狐接种疫苗最好在分窝后3周(21天)进行，因为此时母源抗体消失，正是预防接种的好时机。

三、病毒性疾病的防治

（一）犬瘟热

犬瘟热是由副粘病毒科，麻疹病毒属，犬瘟热病毒引起的急性、热性、高度接触性传染病。除犬患本病外，多种食肉经济动物和观赏动物均可感染。且幼龄动物比成年动物易感，具有较高的发病率和病死率。

【病　原】 本病毒粒子直径在128～175纳米之间，病毒形态呈多形性，大多数粒子呈球形、螺旋形结构，核酸型为RNA。

该病毒对低温干燥有较强抵抗力，－10℃～－14℃可存活6～12个月，4℃～7℃可保存2个月，室温下存活7～8天，55℃存活30分钟，100℃时1分钟便失去毒力。对多种化学药物（0.75％～3％福尔马林、3％氢氧化钠、5％石炭酸溶液）均较敏感，对乙醚、氯仿等敏感，最适的pH值为7～8。

本病毒存在于狐的鼻液、唾液、眼分泌物、血液、脑脊液、脑、淋巴结、肝、脾、心包液和胸腹水及尿中，并可在上述器官中检测到病毒。

本病毒没有型的区别，各种动物的犬瘟热病毒均可互相感染，如犬的犬瘟热可以感染并引起貉、狐及貂的犬瘟热病。反之，这些动物的犬瘟热病亦可传染给犬及其他易感动物。

【流行病学】 疫源主要是犬。在自然界中，犬科动物（犬、貉、狐），鼬科动物（雪貂、水貂、臭鼬、黄鼬、水獭、紫貂、艾虎），浣熊科动物（浣熊、白鼻熊及大小熊猫），猫科动物（猫、狮等）

都可感染本病。

病犬是最危险的疫源，通过眼、鼻分泌物，唾液，尿和粪便排出的病毒，污染饲料、水源和饲养工具等，经消化道感染。也可通过飞沫、空气经呼吸道感染。还可以通过阴道感染。几种经济动物饲养在一个场子，先在最易感动物之间开始流行，经过一段时间再传给另一种动物。国内几个大毛皮兽养殖场流行犬瘟热，均由病犬进入场内传染的，先使貉感染，后传给水貂、狐等动物，造成重大经济损失。

犬瘟热的流行没有明显季节性，病程经过和轻重程度取决于狐饲养水平、机体的抵抗力，以及病毒数量和防疫措施等。

本病如果发生在春季配种前，因成年狐对该病有一定的抵抗力，一般病程发展较慢。进入配种期，由于种狐窜出窜入，增加了感染机会，使病势加剧，往往造成公狐配种能力下降，母狐大批空怀、死胎和烂胎。断乳幼狐病势进入高潮，幼狐病死率可达 60%～90%。病狐带毒期不少于 5～6 个月。

【症　状】 狐自然感染本病时，潜伏期为 9～30 天，有时长达 3 个月。狐患犬瘟热有的具有典型的临床症状，而有的症状不明显。

患病初看不到特征性临床症状。狐表现食欲减退，体温升高（40℃～41℃或以上），持续 2～3 天，酷似感冒症状。鼻镜干燥，有时出现呕吐和轻微的肠卡他症状，排出蛋清样的粪便。两眼出现浆液性、粘液性或化脓性结膜炎，眼内角出现眼眵，或眼眵将两眼睑粘结在一起，或眼眵堆积在眼周围呈眼镜样。鼻分泌物增多，分泌物干涸后将鼻孔堵塞。嘴巴变粗，嘴角周围出现污秽不洁分泌物和沾有饲料。有的病狐下痢，肛门粘膜肿胀。

当肺部出现继发性感染时，出现咳嗽，开始为干咳，尔后变为湿咳。特别是春季发生此病，常侵害呼吸器官。消化器官出现卡他性炎症，腹泻，粪便混有血液。北极狐下痢严重时，常出现脱肛；银黑狐则少见。

在病初或末期，当脑神经受到侵害时，病狐出现咀嚼肌、头肌痉挛性收缩、麻痹，或不完全麻痹。某些肌肉群出现不自主的有节律地抽动，一般为进行性的，起初后肢麻痹，尔后导致全身麻痹。银黑狐常出现突然视觉消失，瞳孔高度散大，虹膜呈绿色。

病程急性经过 2～3 天死亡，慢性经过的则长达 20～30 天。

【诊　断】 狐犬瘟热根据病史、流行病学和典型犬瘟热症状，就可做出初步诊断。为了准确无误，可做生物学试验、包涵体检查和血清学检查（中和试验、酶标 SPA 染色）。

【防　治】 本病目前无特异性治疗方法，用磺胺类药物和抗生素药物控制细菌引起的并发症，以延缓病程，促进痊愈。当发生浆液性和化脓性结膜炎、鼻炎时，可用青霉素滴鼻或点眼。出现肠炎时，可在饲料中投入土霉素，每天早晚各 1 次，幼狐 0.05 克，成狐 0.2 克。发生肺炎时，用青霉素和链霉素控制，幼狐 15 万～20 万单位，成狐 30 万～40 万单位，分 2～3 次肌注。

对已发生犬瘟热的狐群，惟一办法是早诊断、早隔离病狐，搞好笼舍消毒，固定每个狐的食具，并在用完后马上消毒。对全群（包括已感染的、处在潜伏期的及未感染的）进行紧急疫苗接种，剂量为正常量的 2 倍，有可能挽救大部分未发病的狐。

为防止本病发生，最好的办法是每年对狐接种 2 次犬瘟热疫苗，采用中国农业科学院特产研究所生产的犬瘟热疫苗，一般接种后7～15天产生抗体，30天后免疫率达到90%～100%，免疫期为6个月，剂量为3毫升，芬兰狐及杂种狐注射4毫升。幼狐在断乳后3周注射(肌注)。疫苗为冷冻活苗，运输时千万不能解冻，否则可降低效价或失效。

(二)病毒性肠炎

狐病毒性肠炎是由病毒感染的急性传染病，也是一种白细胞锐减的胃肠传染病。本病呈地方性暴发流行，病死率高，危害性大。

【病　原】 病原体为细小病毒群中的狐细小病毒。它与水貂、貉及猫泛白细胞减少症的病毒有较近的亲缘关系。

本病毒对外界环境有较强的抵抗力，能耐受66℃经30分钟的热处理。被污染的笼舍，病毒能保持1年的毒力。含病毒的组织或粪便，在冷冻状态下，其毒力可保持1年不下降。病毒对胆汁、乙醚、氯仿等有机溶剂和胰蛋白酶均有抵抗力。煮沸能杀死病毒；0.5%甲醛和苛性钠，在室温下12小时能使该病毒失去活力。

【流行病学】 本病在自然条件下，对不同品种及不同年龄的狐均具有感染性，发病率可达到50%～60%，病死率高，最高可达到90%。

本病传染源主要是患畜或耐过本病的康复狐。患过泛白细胞减少症的猫，患病毒肠炎的水貂和犬均可传染狐。

该病毒传播途径是通过被污的环境直接或间接通过消化道和呼吸道感染。亦可通过患畜粪便、尿和唾液污染的饲料、饮水、用具及环境而感染。

康复狐虽然获得较长时间的免疫力，但仍带病毒，而且是最危险的传染来源。

本病多发生在6～10月间，多呈地方性暴发流行，如果不采取有效预防措施，到第二年仔狐分窝前后，可引起仔狐再度发病。

【症　状】 狐病毒性肠炎潜伏期为4～9天，一般为5天。急性经过者发病次日即有死亡。以4～14天为死亡高峰期，15天后转为亚急性和慢性经过。

病狐早期症状为食欲减退或废食，精神沉郁，被毛蓬乱无光泽，渴欲增加，偶尔出现呕吐。

粪便先软后稀、多粘液，呈灰白色，少数出现褐色，逐渐呈黄绿色水样粪便，有时见到带条状血样粪便。随着病情逐渐加重，常排出套管状粪便，便中可见到各种颜色的肠粘膜，有灰白的、黄色的、乳白及黑色煤焦油样的，粘膜厚薄不一。严重腹泻者，排粪频繁，常呈里急后重，后期多表现为极度虚弱和消瘦，眼窝塌陷，最终衰竭而死亡。康复后再复发者，多数预后不良。

病狐白细胞显著减少。剖检见胃肠呈卡他性炎症，肠内见暗红色血样内容物，外观看呈血肠样；有的患狐肠内容物呈绿色水样。亚急性和慢性经过者肠壁有纤维素样坏死病灶。多数肠系膜淋巴结肿胀，脾肿大，胆囊内胆汁充盈，肝呈黄土色、质地脆弱。

大多数病例常因并发症（大肠杆菌或沙门氏菌病）而使病情加重，症状更为复杂。

【诊　断】 根据流行病学及患狐临床症状及白细胞锐减，可初步诊断。但最终确诊，应进行特异性的微量血凝及血凝抑制检验。

【防　治】 本病目前无特效疗法。当狐场已确诊有病毒性肠炎病狐时，可用病毒性肠炎疫苗作紧急抢救性接种，剂量为正常量的2倍。由于病毒性肠炎疫苗是灭活苗，因而对潜伏感染的狐也会产生一定的免疫保护。可抢救部分健康狐或病狐。为了从根本上预防本病，对健康狐必须每年2次（分窝后21天仔狐和种狐7月份1次；1月初或12月末1次）注射病毒性肠炎疫苗（中国农业科学院特产研究所生产）。另外，加强狐场卫生管理，注意防疫工作，防止野猫、野犬进入场内。

（三）狂犬病

狂犬病是人、畜和野生动物共患的传染病，是以中枢神经系统活动障碍为主要特征的病毒性传染病。

【病　原】 狂犬病病毒是弹状病毒属的嗜神经病毒。病毒粒子在100～150纳米之间。在中枢神经细胞内，形成胞浆内包涵体（内基氏小体）。狂犬病毒在20℃温度时可生存2周，37℃生存24小时，54℃～56℃生存1小时，60℃经5分钟失活，100℃时2分钟失活。在尸体内可存活45天以上；在50%甘油缓冲液中，于冰箱内能保存1年；真空干燥，可保存3～5年。

本病毒对石炭酸和氯仿等有稍强的抵抗力。在1%～5%福尔马林溶液中5分钟，0.1%升汞液中2～3分钟，5%来苏儿溶液中5～10分钟，10%碘酊中5分钟杀死病毒。

【流行病学】 患有本病的犬和野生动物是自然疫源，啮齿类也可以传播本病。在笼养条件下的狐，多半是因场内患狂犬病狗或其他动物，隔笼咬伤笼内的狐而感染发病的。多为散发性。

狂犬病病毒通过咬伤的伤口侵入机体，并沿神经经路发展。一方面破坏神经细胞，另一方损坏血管壁。神经细胞受到侵害时，首先引起兴奋症状，如神经紊乱和反射的兴奋增强。当延脑受到侵害时，则引起发热、多尿和糖尿，经过一段时间后，由神经细胞变性，逐渐出现麻痹症状，最后因呼吸肌和喉麻痹而死亡。

【症　状】 狐患狂犬病多呈狂暴型，病程分为3期，即前驱期、兴奋期和后期。本病潜伏期为2～8周，最长11周以上。病程3～7天，最短1天，最长20天。前驱期：患狐呈短时间沉郁，不愿活动，此期不易察觉；兴奋期：攻击性增强，性情异常凶猛，扑咬人和笼舍内物品；后期：病狐经常反复发作，或狂躁不安，或躺卧呻吟、流涎、腹泻，一直延续到死亡。有的病狐出现下颌麻痹，病程3～6天，最后死亡。

【诊　断】 根据临床症状出现高度兴奋，食欲反常，后躯麻痹，并有野犬窜入场内的事实，可初步怀疑为本病。如果在脑组织中检查出包涵体，是最有价值的确诊依据。但不能与神经型犬瘟热相混淆，犬瘟热无攻击性，不狂暴，犬瘟热幼狐最敏感，而狂犬病任何年龄的狐均可得病，更为重要的是，狂犬病散发，犬瘟热群发。犬瘟热的包涵体可在膀胱粘膜中找到。

【防　治】 本病目前无治疗方法，一旦发现狐被病犬咬伤，在未发生典型症状前，可强制接种狂犬病疫苗；当出现症状时便无法救治，只有扑杀，以消灭传染源。

预防本病，应防止野犬、野猫窜入场内，新购入的狐要隔离饲养观察。一旦发生狂犬病，要采取紧急措施，给可疑病狐接种狂犬病疫苗，以防止继续蔓延。

（四）伪狂犬病

伪狂犬病又称阿氏病。是多种动物共患的急性病毒性传染病。本病的特点是侵害中枢神经系统和引起皮肤瘙痒。

【病　原】 伪狂犬病病毒属于疱疹病毒科，含双股DNA，病毒粒子直径100～150纳米。该病毒在50%甘油中，在0℃环境中，可保存数年；在肺水肿渗出液中的病毒于冰箱内可存活800天。在0.5%盐酸、硫酸和苛性钠溶液中3分钟可被杀死；5%石炭酸溶液中2分钟内可被杀死；2%福尔马林溶液中20分钟可被杀死；加热60℃时30分钟、70℃时20～30分钟、80℃时10分钟被杀死；100℃时瞬间能杀死病毒。

【流行病学】 在自然条件下，除牛、羊、猪、猫及啮齿类动物易感染本病外，毛皮兽水貂、狐和北极狐等均易感。特别是喂猪下水及杂肉类饲料时易感染本病。另外，鸡、鸭、鹅及人均可感染本病。病兽和带毒的下杂肉类饲料，是毛皮兽的主要传染来源。猪是本病毒的主要宿主，其本身症状不明显，多呈隐性经过。生前不易诊断，猪自然带毒达6个月以上。

病毒侵入机体的主要途径是通过消化道。当毛皮兽口腔粘膜有外伤时，更易感染本病。皮肤有外伤也可能感染。

本病发生无季节性，但夏、秋季居多，常呈暴发流行，初期病死率高。当排除病源即污染的饲料以后，发病很快得到控制。

【发病机制】 病毒通过消化道侵入机体后，经血液循环到各器官和组织中。首先侵害肺脏，聚集繁殖。病毒侵入25～28小时，便出现毒血症。由于肺脏受到侵害引起组织缺氧，使组织内氧化过程降低。体温下降至36℃～37℃，心脏高度扩张。由于血液内二氧化碳饱和，引起血液凝固性降低。供氧不足，导致大脑皮质神经细胞损伤，特别是小神经细胞损伤更为严重。由于血脑防御屏障被破坏，病毒直接作用于神经细胞，引起综合性的神经症状，皮肤高度敏感，瘙痒。神经症状最明显，则神经系统中含病毒最高，而当血液中含病毒量下降时，症状甚至可完全消失。

【症　状】 银黑狐和北极狐发病潜伏期为6～12天，主要症状是拒食1～2次，或食欲正常但症状发展很快，常发生流涎和呕吐，病狐精神沉郁，弓腰，在笼内转圈，行动缓慢，体温稍增高，瞳孔缩小。患伪狂犬病的狐主要特征为眼裂和瞳孔高度收缩。由于严重瘙痒，常用前肢搔抓颈部、唇、颊部皮肤。病狐呻吟，翻转打滚，往往先跳起，又重新倒下，不仅抓伤皮肤，而且也损伤皮下组织和肌肉，局部出现出血性水肿。兴奋性较高的病狐，常咬笼子和食具等。有些病例出现呼吸困难时，呈腹式呼吸，节拍急促，每分钟150次。有些病例呈犬坐姿势，前肢叉开，颈伸展，咳嗽和呻吟。后期由鼻孔、嘴流出血样泡沫，这种病例很少出现搔痒伤，病程一般为2～3小时，最长可达24小时死亡。

【病理解剖】 伪狂犬病死亡的狐尸体，营养良好，鼻、口角有多量粉红色泡沫样粘液，舌露出口外、有咬伤。眼、鼻、口和肛门粘膜发绀。死于本病的狐，被抓伤的部位皮上已基本无毛，搔抓伤处皮肤撕裂，皮下组织呈现出血性胶样浸润。腹部膨满，腹壁紧张、叩之呈鼓音。血凝不全，血呈黑紫色。心脏扩张，冠心血管充盈，心包内有少量的渗出液，心肌呈煮肉样。

肺脏呈暗红色或淡红色，凹凸不平，有红色肝样变区和灰色肝样变区，交错分布，切片有大量暗红色凝固不全的血样液体流出。气管内有泡沫样黄褐色液体，胸膜有出血点，支气管和纵隔淋巴结充血、淤血。甲状腺水肿，呈胶质状，并有出血点。胃肠臌胀，腹部胀满。胃肠粘膜常常附有煤焦油样内容物，胃内常见有出血点。

肾增大，呈樱桃红色或泥土色，质软，切面多血。脾微增大、充血、淤血，白髓明显，包膜下有出血点。大脑血管充盈，实质稍软。

组织学检查，许多脏器充血、出血，局部血液循环障碍，是本病病理学变化的特点。血管周围水肿及血细胞渗出性出血，血管内皮肿胀。有浆液性出血性肺炎及大脑神经变性。

【诊　断】 根据流行病学、特征性临床症状瘙痒及病理学变化特点，进行综合分析，可做出初步诊断。为了进一步确认，可进行血清学和生物学试验。可无菌采取刚死于本病动物的脾、肝、脑等器官，制成1∶5的组织悬浮稀释液。为防止污染，每毫升乳剂加入500～1 000单位的青、链霉素。离心后取上清液1～2毫升，给试验动物皮下或肌内注射，家兔接种后1～5天出现明显瘙痒症状，有个别兔将接种部位咬破，甚至露出骨头，最后死亡。

【鉴别诊断】 伪狂犬病与狂犬病相似，都是病毒性疾病，均有神经症状。区别在于伪狂犬病有瘙痒，突然发作，病程短，迅速出现大批死亡，不攻击人，不恐水。狂犬病无瘙痒，呈散发，攻击人、畜。

银黑狐的伪狂犬病与脑脊髓炎有某些相似之处，但后者病程长，且无瘙痒症状。

神经型犬瘟热与伪狂犬病的区别是，犬瘟热虽有神经症状，但无瘙痒症状和胃肠臌胀，而有特殊的腥味和眼粘膜性炎症。

伪狂犬病与巴氏杆菌病区别，巴氏杆菌病无瘙痒、抓伤，幼兽多发，能查到巴氏杆菌，而伪狂犬病是病毒性疾病。

【防　治】 目前尚无特效治疗办法，发病后应立即停止喂被污染的饲料，并用抗生素控制继发症。为预防本病发生，对饲料要严格检查，特别喂猪的内脏和肉类更应十分注意，应煮熟及无害处理后再喂。

预防本病可注射中国农业科学院哈尔滨兽医研究所生产的家畜用伪狂犬病疫苗。

（五）狐脑炎

狐脑炎又称狐传染性肝炎。是急性败血性传染病。病狐的体温升高（41℃以上），出现急剧的脑炎症状，中枢神经兴奋和抑制交替进行。以呼吸道和肠道卡他性炎症、肝脏炎性坏死为特点，常呈地方性流行，本病广泛流行于世界各地，除狐外，也见于其他犬科动物。

【病 原】 狐脑炎病原体是腺病毒科，哺乳动物腺病毒属的传染性肝炎病毒。该病毒含双股 DNA，分子量为$(20\sim25)\times10^6$，大小为 20～30 纳米。

本病毒能凝集人 O 型红细胞、鸡和土拨鼠红细胞。该病毒有很强的抵抗力，37℃时需经 26～29 天灭活，60℃时 3～5 分钟失去活力，在室温下可存活 10～13 周，在注射器上附着的病毒可存活 3～11 天，低温冷藏 9 个月仍有感染力，紫外线照射 2 小时后才能失去活力但仍有免疫原性。病毒最适合的 pH 值为 6～8.5。对乙醚、氯仿有耐受性。在 0.2%甲醛液中，经 24 小时才能灭活。

本病对内皮细胞和肝细胞有亲和力，在细胞内形成核内包涵体。感染本病后可长期获得免疫力。

【流行病学】 犬和狐易感染本病，特别是 3～6 个月龄的幼狐最易感。幼狐发病率为 40%～50%，2～3 岁成年狐感染率为 2%～3%，年龄较大的（4 岁以上者）狐较少患病。

病狐在发病初期，血液内出现病毒，以后在所有的分泌物、排泄物中带毒。康复动物自尿中排毒达 6～9 个月之久。因此，康复和隐性感染动物是最危险的疫源，这些动物分泌物和排泄物污染了饲料、水源和周围环境，经消化道途径感染健康动物。此外，外寄生虫也是本病传染媒介。患病初期病死率高，中后期病死率逐渐下降。本病无明显的季节性，但夏、秋季发生较多，因为此期饲养的幼兽多，密度大，易暴发感染。

【症　状】 狐在自然条件下感染本病时，潜伏期为 10～20 天或更多，人工感染时，潜伏期为 5～6 天。本病分为急性、亚急性和慢性经过 3 种。

(1)急性　首先表现拒食，反应迟钝，体温升高达 41℃以上。呕吐，渴欲增加，病程 3～4 天，最后昏迷而死。

(2)亚急性　患狐表现精神沉郁，常卧于笼网上，站立不稳，步态摇晃，后肢无力，体温呈弛张热，病狐消瘦，可视粘膜贫血或苍白、黄染，后肢不完全麻痹或麻痹，个别病狐出现一侧或两侧性角膜炎。由于体温升高，心血管系统出现障碍，每分钟心跳达 100～120 次，脉搏无节律、软弱无力。上述症状时而出现时而消失。病狐兴奋与抑制交替出现，隅居笼内或小室内，当喂食时表现有攻击性，有的狐个别肌肉群痉挛、兴奋或抑制，病程长达 1 个月，最终死亡或转为慢性经过。

(3)慢性　大都出现在被污染的狐场，个别见于新发病狐场，病狐症状不明显，常出现食欲减退或不食，有时出现胃肠障碍，即腹泻和便秘交替出现，进行性消瘦。常出现短时体温升高。在不良因素的影响下，可造成死亡。一般慢性经过的病例，能延长到屠宰期。

【诊　断】 根据流行病学、临床症状和病理变化，可做出初步诊断。应用犬和猪肾原代细胞，进行病毒分离培养，查出核内包涵体可最后确诊。

【防　治】 初次发热期可用血清进行特异性治疗，以抑制病毒繁殖扩散，但中后期效果不佳。此外，用丙种球蛋白也能提供短期治疗效果。

另外，有人用维生素 B_{12} 和叶酸（维生素 B_{11}）治疗本病，维生素 B_{12} 成狐 350～500 微克/头，幼狐 250～300 微克/头，肌内注射，同时饲料中给予叶酸（维生素 B_{11}），每头量 0.5～0.6 毫克，持续 10～15 天。

预防本病的根本措施，可用中国农业科学院特产研究所生产的狐脑炎疫苗，半年注射 1 次，每次每头注射浓缩苗 1 毫升，详细可看说明书。

（六）自咬症

自咬症是长尾食肉动物多见的慢性经过的一种疾病。病狐咬自己身体的某一部分，如尾、后腿及臀部等。北极狐特别易感。本病在国内外广泛流行。

【病　因】 本病病因到目前为止研究得尚不十分清楚。有人认为是营养缺乏病；有的学者认为是外寄生虫病；还有人认为是肛门腺堵塞所致；更有人认为（原苏联学者）是病毒性慢性传染病，并从脏器中分离到病毒，证实对毛皮兽有感染性。最近有人认为北极狐自咬症是狐应激的一种异常反应，并与断奶分窝早晚密切相关。晚分窝的少得或不得此病。

【流行病学】 自然染病者，北极狐和紫貂最为敏感，病势凶猛，水貂和银黑狐次之。本病无明显季节性，成年狐春季交配期、产仔期易发作，幼狐在 8～10 月份易发作。另外，更换饲养地也容易发作。发病率波动性很大，有的年份发病率很高，有的年份则很低。经多年临床观察，自咬症发病率与饲料中动物性饲料的比例相关，即动物性饲料比例高的年份发病率高，反之则低。传染来源主要是病兽，传播途径不清楚。

【症　状】 北极狐发病时多呈急性经过，发作时用嘴咬住自己尾巴或其他部位不松嘴，有时甚至把后腿咬烂、生蛆，并继发变成脓毒败血症死亡。或将尾全部咬断，多因流血过多或继发感染而死亡。患慢性自咬症的北极狐被毛残缺不全，一般不至于死亡。

自咬的部位因个体不同而异，有的咬尾尖，有的咬尾根，有的咬后肢，也有的咬腹部或臀部，但每个狐咬的位置不变，总是一个方向。个别狐将全身后半部毛咬断。发病时间，多在喂食前后或意外音响刺激、生人到跟前时易发作。

【病理解剖】 患自咬症的狐一般比较消瘦，自咬部位有破伤，被毛残缺不全。慢性经过的病例，胃肠粘膜有溃疡。组织学检查，脑实质有空泡变性和弥漫性脑膜炎变化。

【诊　断】 根据症状完全可以确诊。

【防　治】 目前无特异性疗法，有很多对症治疗方法可以应用。

第一，静脉滴注氢化可的松，体重1～2千克，每次用药2毫升加5%葡萄糖10毫升。体重3～4千克，每次用药6毫升加5%葡萄糖20毫升。体重5千克以上者，每次用8～10毫升加5%葡萄糖20毫升。症状轻者隔天用药1次即可；严重者每天用药1次，连续用3～4天。若病情好转不明显，可在停药2天后再用药1次。

为了辅助治疗，可在用药静脉滴注同时每天喂给自咬粉。其配方如下：

方1:蛋氨酸2克，安定0.25克，地塞米松0.5克；

方2:塞庚定0.5克，安定0.25克，蛋氨酸2克。

以上药研末混匀拌入饲料中喂给，每天3次，每次1包。外部咬伤处面积大者要用双氧水冲洗后，上消炎粉，并每天注射（肌内注射）青霉素2次，每次80万单位。或用其他抗生素药。

第二，非那根 2.5 毫克，地塞米松 0.375 毫克，维生素 B_1 2.5 毫克，一次口服，每日 2 次。

第三，盐酸氯丙嗪 2.5 毫克，每天 1 次肌注。

第四，青霉素 40 万单位，氟美松 2 毫克，注射用水 5 毫升，肌注，每天 2 次。

第五，山东五莲县经济动物养殖总场用狐咬灵胶囊（五莲县特种动物研究所研制），每千克体重 0.5 克，拌入饲料中，每日 2 次，连续两个疗程，每个疗程为 7 天，可治愈。

第六，发现自咬病狐，即给带颈环或嘴罩，防止自咬，维持到取皮季节。

以上几种方法，以滴注氢化可的松为主的治疗方法效果较好，治愈率达到 96.5%。

预防办法可晚分窝，并在分窝后 2～3 头合养可减少或不发病。最好的办法是每年严格淘汰自咬病兽及其父母，经 3～5 年淘汰清群，就能在场内根除此病。

四、细菌性疾病的防治

（一）狐阴道加德纳氏菌病

本病是人、畜及毛皮兽共患的细菌性传染病。狐、貉等毛皮兽易感本病，给养狐业造成很大危害。

【病原与流行情况】 本病病原为加德纳氏菌。在养狐场中广泛流行，危害极大。

传播途径主要通过种狐交配传染。也可通过接触传染，如通过工具（抓狐钳、手套等）和饮食具传染。患病动物的尿、粪污染的饲料和饮水也是传染途径之一。

【症　状】 狐感染加德纳氏菌后，主要引起泌尿生殖系统症状。母狐出现阴道炎、子宫炎、卵巢囊肿、肾周脓肿等症。因此，造成空怀和流产。病情严重者，表现食欲减退，精神沉郁，狐卧在笼内一角，其典型特征是尿血（葡萄酒样），后期体温升高，肝脏变性、黄染，最后败血而死。

本病有明显季节性，多在春季性兴奋期发生，成年狐发病率高于幼龄种狐。公狐发病，引起包皮炎和前列腺炎等。表现食欲减退，消瘦，性欲减退或丧失交配能力，个别公狐发生睾丸炎和关节炎。

【防　治】 本病用氯霉素、红霉素、氨苄青霉素均可治疗。用氯霉素每天 3 次，每次 0.25 克（1 片），连续投药 1 个疗程 3～5 天。可将狐体内加德纳氏菌杀死。治愈需 2 个疗程。为了预防本病，从外面引入狐时一定要检疫，用狐阴道加德纳氏菌虎红平板凝集抗原做检查，凡阳性者为加德纳氏病。已感染加德纳氏病者需先治疗，即按上述方法医治。

为预防本病，最好办法是用中国农业科学院特产研究所生产的狐加德纳氏菌病菌苗，对检疫为阴性者进行接种，每头 1 毫升，免疫期 6 个月。检疫为阳性者，因为已染加德纳氏病，此时注射菌苗无效，必须按上述办法投药，治愈经 1 个月，待自身抗体消失后再注射菌苗。

（二）巴氏杆菌病

巴氏杆菌病是畜、禽和野生动物多发的细菌性、出血性、败血性传染病。

【病　原】 病原一般为多杀性巴氏杆菌。

【症　状】 主要表现为突然发病，食欲不振，精神沉郁，鼻镜干燥。有时呕吐和下痢，在稀粪便内有时混有血液和粘液。可视粘膜黄染，病狐身体消瘦，有的出现神经症状，痉挛和不自觉的咀嚼活动，常在抽搐过程中死亡。

【病理解剖】 狐死后各实质器官（肝、肾、脾）粘膜、浆膜充血、出血，头部、腹股沟、颈部皮下水肿，轻度黄染，末梢血管充盈，浅表淋巴结肿大，胸腔有少量黄红色、粘稠的渗出液，胸膜有出血点，心包膜和心内外膜有出血点，乳头呈条索状出血，膈肌充血、出血，大网膜和肠系膜充血、出血。典型巴氏杆菌病的脾肿大，折叠困难，边缘钝。肝脏充血、淤血并增大，切开有红褐色渗出液流出。肾皮质部充血、出血，肾包膜下有出血点。肠系膜淋巴结肿大。甲状腺肿大。

【防　治】 可用青霉素治疗，狐每 4 小时 1 次，每次 20 万～40 万单位，肌注。另外口服新诺明、喹乙醇都有效。

预防主要是平时加强饲养管理，增强狐的体质，以提高狐对疾病的抵抗力。不明原因死亡的畜禽肉类不要喂狐。兔、鸡加工副产品一定要煮熟后再喂。目前尚无狐巴氏杆菌菌苗，多用药物控制的办法。狐群隔一定时间投土霉素或喹乙醇等药物。巴氏杆菌为常在菌，一定注意狐场环境卫生管理，注意进出人员消毒和食饮具消毒等。

（三）大肠杆菌病

大肠杆菌病是幼龄毛皮兽的一种细菌性传染病，常呈败血性经过，伴有严重的下痢并侵害呼吸系统和中枢神经系统，是对幼兽危害较大的细菌性传染病之一。成年狐患本病常引起流产和死胎。

【病　原】 为大肠杆菌。根据血清型分 200 多个变种，常对人、畜无致病性，而对毛皮兽特别是幼兽则有致病性。

本菌体长 1～3 微米，宽 0.6 微米，为两端钝圆的短杆菌，在体内呈球菌状，常单独存在，个别成短链排列。无荚膜和芽孢，具有鞭毛，有运动性。易被苯胺染料着色，为革兰氏阴性菌。

本菌对氧气和营养要求不苛刻，在一般培养基上，在有氧、无氧条件下都能生长，15℃～45℃均能发育，37℃最为适宜，最适宜 pH 值为 7.4。

大肠杆菌抵抗力不强，一般消毒药(石炭酸、升汞、甲醛)5 分钟即可杀死；55℃经过 1 小时，60℃经过 18～30 分钟即可杀死该菌。大肠杆菌在半固体的琼脂培养基上覆盖上凡士林油层，可保存 3 年。

【流行病学】 在自然条件下，10 日龄的银黑狐、北极狐易感。带菌的动物污染的饲料和饮水，是本病危险的传染源。

本病常自发感染，一旦饲养管理不佳，容易发生自身感染。因大肠杆菌在健康动物肠道内以寄生形式存在。当机体抵抗能力下降时，处在肠道中的大肠杆菌繁殖力增强，侵入血液中引起发病。

【症　状】 银黑狐和北极狐潜伏期为 2～10 天。新生仔狐患病，表现行动不安，不断尖叫，被毛蓬松，发育迟缓，腹泻，尾和肛门污染粪便。当轻微按摩腹部时，常从肛门排出绿色、褐色或浅黄色的粪便。在粪便中有未消化的乳凝块和混有血液带气泡的稀便，出现上述症状 1～2 天后，仔狐精神委靡，常躲在小室内不出来活动，而母狐常把病仔狐叼出，放在笼网上。

日龄大的仔狐患本病，表现食欲下降，消瘦，活动减少，持续性腹泻。粪便呈黄、灰白或暗灰色，并混有粘液。重度病例，排粪失禁。病狐虚弱无力，眼窝深陷，两眼无神，弓背，后肢无力，步态摇摆，被毛蓬乱、无光泽。

【病理解剖】 腹腔、肠管内有少量气体和黄绿色、灰白色粘稠液体，粘膜充血，布满出血点。慢性病例肠壁变薄、贫血。肠系膜淋巴结肿大，呈暗红色，切面多汁。肝呈黄土色，被膜有出血点，个别病例肝充血、淤血；肾呈灰黄色或暗紫色，包膜出血。急性病例脾一般无变化，亚急性和慢性病例都有不同程度的肿大，并充血和淤血。心脏、心内膜有出血点或条状出血，个别的胸腔有渗出性出血，肺脏色调不一，有轮廓不清的暗红色的水肿区，切面有淡红色泡沫样液体流出，气管内也有少量泡沫样液体。

脑炎病例型，其头盖骨变形，脑充血，脑室聚集化脓性渗出物或淡红色液体。在软脑膜内可发现灰白色病灶，脑实质软，切面有软化灶，这种脑水肿与化脓性脑膜变化，常见于银黑狐和北极狐的患病仔狐。

【诊　断】 临床症状和病理变化，只能作为初步诊断的依据，最后确诊还有待于细菌学检查。病料取自未经抗生素治疗的病例材料，可从心血、实质脏器和脑进行分离培养。同时做动物试验。根据狐脑炎和脑积水病例，可直接确诊。

【防　治】 改善饲养管理，除去不良饲料，使母狐和仔狐吃到新鲜、易消化、营养全价的饲料，以增强机体抵抗力。

特异性治疗，可用仔猪、犊牛、羔羊大肠杆菌病高免血清治疗1～2月龄的患病仔狐。用高免血清加新霉素治疗处方如下：高免血清200毫升，新霉素50万单位，维生素B_{12} 2 000微克，维生素B_1 30～60毫克，青霉素50万单位，上述合剂对1～5日龄仔狐皮下注射0.5毫升，日龄大的仔狐注射1毫升或1毫升以上。抗生素药物除上述新霉素、青霉素外，合霉素、土霉素、磺胺类药物均有效。

从预防上，要把好饲料关，来源不明的饲料高温处理后再喂。在仔狐育成期添加抗生素类饲料，具有良好效果。乳酸菌对预防大肠杆菌有很好的作用。

（四）沙门氏菌病

沙门氏菌病又称副伤寒。是幼狐和禽类常发生的疾病。幼狐感染本病为急性经过，发热，下痢，体重迅速减轻，脾脏显著增大，肝脏发生病变，呈地方性流行。

【病　原】 本病菌为短杆菌，长 1～3 微米，宽 0.5～0.6 微米，两端钝圆，不形成荚膜和芽孢，具有鞭毛，有运动性，为革兰氏阴性菌。

本菌在普通培养基中能生长，为需氧兼厌氧性菌。在肉汤培养基中变混浊，尔后沉淀；在琼脂培养基上 24 小时后生成光滑、微隆起、圆形、半透明的灰白色小菌落。

沙门氏菌能发酵葡萄糖、单奶糖、甘露醇、山梨醇、麦芽糖，产酸产气。不能发酵乳糖和蔗糖，以此可以与其他肠道菌相区别。本菌抵抗力强。60℃经 1 小时，70℃经 20 分钟，75℃经 5 分钟死亡。对低温有较强的抵抗力，在琼脂培养基上于 －10℃经 115 天尚能存活。在干燥沙土内可生存 2～3 个月，在干燥的排泄物中可保存 4 年之久。在 0.1％升汞溶液、0.2％甲醛溶液、3％石炭酸溶液中 15～20 分钟可被杀死。在含 29％食盐的腌肉中，在 6℃～12℃条件下，可存活 4～8 个月。

【流行病学】 狐和北极狐比较易感。主要是通过被污染饲料而传播的。患有隐性经过的沙门氏菌病的家畜肉类最危险，因为常从被淘汰的家畜肉中检出致病力很强的沙门氏菌，如肠沙门氏菌、鼠伤寒沙门氏菌和猪霍乱沙门氏菌。当狐机体抵抗力下降时，容易暴发本病，在短期内波及全群，死亡率较高。

调查表明，本病发生与毛皮兽带菌有一定关系，常常带仔母狐成窝发病，呈散发流行。个别狐场沙门氏菌病每年都流行一段时间。其流行有明显季节性，一般在6～8月份呈地方性流行，主要侵害1～2个月龄的仔狐。成年狐对本病具有一定的抵抗力。妊娠母狐发生本病时，由于子宫感染，常发生大批流产，或产后1～10天内仔狐发生大批死亡。

饲养管理不善，气候突变也是引起本病发生的诱因之一。感冒、饲料变质、防疫制度不严格等都会促使本病发生和发展。另外仔狐换牙期间饲料质量不佳，机体抵抗力下降，都可能成为暴发本病的诱因。

【症　状】 自然感染的潜伏期为8～20天，平均14天；人工感染的潜伏期为2～5天。

急性经过的病狐，表现拒食，先兴奋后沉郁，体温升高到41℃～42℃，轻微波动于整个病期，只有在死前体温才有所下降。大多数病狐躺卧于小室内，走动时多弓腰，两眼流泪，沿笼子缓缓移动。发生下痢、呕吐，在昏迷状态下死亡。一般需5～10小时或延长至2～3天死亡。

亚急性经过的病狐，主要表现胃肠功能高度紊乱，体温升高至40℃～41℃，精神沉郁，呼吸浅表频数，食欲丧失。病狐被毛蓬乱无光，眼窝下陷无神，有时出现化脓性结膜炎。少数病例有粘液性鼻漏或咳嗽。病狐很快消瘦、下痢，个别的有呕吐。粪便变为液状或水样，混有大量胶状粘液，个别混有血液。四肢软弱无力，特别是后肢常呈海豹式拖地，起立时后肢不支，时停时蹲，似睡状。病的后期出现后肢不完全麻痹。在高度衰竭的情况下，7～14天死亡。常出现粘膜和皮肤黄染，特别是猪霍乱沙门氏菌引起的本病更为明显。

慢性经过的病例，消化功能紊乱，食欲减退，下痢，粪便混有粘液，渐渐消瘦，贫血，眼窝塌陷，有时出现化脓性结膜炎。病狐多卧于小室内，很少运动，走动时步履不稳，行动缓慢。在高度衰竭的情况下，经 3～4 周死亡。

【病理解剖】 尸体营养状况取决于病期长短。病狐可视粘膜黄染，皮下组织、肌肉、脏器也常见黄染。胃空虚或有少量粘液，粘膜肿胀变厚，有皱褶，有时充血，少数病例胃肠粘膜有散在的出血点。大肠无明显变化，少数有粘液性内容物或充血。肝脏增大，呈暗红色或黄土色，切面外翻，有粘稠血样物，胆囊增大、充盈，内有浓稠胆汁。脾脏多数病例高度肿胀，可增大 5～8 倍。纵隔、肝门及肠系膜淋巴结肿大 2～3 倍，或水肿，质地柔软呈灰色或灰红色，切面多汁。

肾脏微肿，呈暗红色、灰红色或带有淡黄色，在包膜下有无数散在的出血点。膀胱多空虚，粘膜上有散在的出血点。

肺脏在多数病例中变化不大，有时肋膜面可见无数弥漫性出血点。慢性病例，心脏变性呈煮肉样，脑实质水肿，侧脑室内有多量液体。

【诊　断】 根据流行病学及病理解剖变化，可做出初步诊断。最终确诊，要进行细菌学检查。可从死亡动物的脏器和血液中分离培养细菌，进行生物学试验。毛皮兽沙门氏菌病可在生前进行快速细菌学检查。用无菌操作方法采血，接种于 3～4 个琼脂培养基斜面或肉汤培养基内，在 37℃～38℃温箱中培养，经 6～8 小时，便有该菌生长，将其培养物和已知沙门氏菌阳性血清作凝集反应，即可确诊。

【鉴别诊断】 本病常与钩端螺旋体病、巴氏杆菌病、犬瘟热和流行性脑脊髓膜炎相混淆，需要加以鉴别。

钩端螺旋体病也是体温升高，仅表现在发病初期，当黄疸出现后，体温降至 35℃～36℃，临床上出现黄疸变化（特征性)，该病多发生于 4～6 个月龄的幼年动物。

犬瘟热不同于沙门氏菌病，犬瘟热具有典型的浆液性、化脓性结膜炎，皮肤脱屑，鼻部肿大，嘴巴变粗，患兽释放出特殊的腥味，下痢，有时出现神经症状，足掌肿大，肛门粘膜肿大。

脑脊髓膜炎，表现神经功能紊乱，癫痫，嗜眠，步态不稳或圆圈运动。

巴氏杆菌病可同时发生于各种不同年龄的动物，细菌学检查时，可查到两端浓染的革兰氏阴性小杆菌。

【防　治】 为保持心脏功能，可皮下注射 20%樟脑油，幼狐 0.5～1 毫升，成狐 2 毫升。用新霉素和左旋霉素治疗，幼狐为 5～10 毫克，成狐 20～30 毫克，混于饲料中喂给，连续 7～10 天。

加强妊娠期和哺乳期饲养管理，对提高仔狐对沙门氏菌病的抵抗力有重要作用。特别对断乳仔狐的日粮要求新鲜、全价。管理上要求保持小室清洁卫生。

加强兽医卫生监督，不允许用沙门氏菌污染的饲料喂狐。对可疑饲料要进行无害化处理后再喂。狐群发现有本病时，立即隔离治疗，对笼舍、用具要严格消毒。治愈的狐仍要坚持隔离饲养，直到取皮。

(五)炭　疽

炭疽病是由炭疽杆菌引起的毛皮兽、家畜和人共患的急性、热性、败血性传染病，以脾脏肿大、皮下和浆膜下结缔组织浆液性出血性浸润为特征。本病首先在水貂中发现，病死率较高。狐也有发生。

【病　原】 炭疽病原体为炭疽杆菌，是中大型杆菌，大小为 3～6 微米×1～2 微米。在动物体内形成荚膜，单个或 2～

5个形成短链，细菌与细菌相连两端平截，相连成竹节状，而游离端呈钝圆，此特征具有鉴别意义。在人工培养基上不形成荚膜，呈长链状排列。易被苯胺染料着色，为革兰氏阳性大杆菌。本菌在外界环境下，有充足氧气和湿度，在12℃～20℃时形成芽孢。芽孢呈卵圆形，位于杆菌中央。

炭疽杆菌本身抵抗力不强，75℃经1分钟可被杀死，一般消毒液也能很快杀死炭疽杆菌，但炭疽杆菌在外界不良条件下形成芽孢后菌体分解，芽孢游离在外界环境中，具有较强的抵抗力，能在土壤中和水中保持10年仍有生命力。在干燥条件下40℃经3小时，煮沸经10～15分钟，110℃高温下经5～10分钟才被杀死。1%甲醛溶液2小时，0.1%升汞溶液数小时才能杀死。

【流行病学】 在自然条件下，各种毛皮兽均易感。狐食入带有炭疽病菌的动物性饲料而感染，吸血昆虫和野鸟也有可能成为传播的媒介。

本病没有季节性，以夏季多见，特别是洪水泛滥后。如饲料被炭疽杆菌污染，可在短期内使大部分动物发生疾病，在2～3天内发生大批死亡，以后死亡逐渐减少。如果不采取扑灭措施，本病可在场内长期传播，造成重大经济损失。

【发病机制】 炭疽杆菌侵入机体后，很快进入淋巴结和血液中繁殖，血管壁受炭疽杆菌毒素和酶的毒害作用，通透性增强。因此，在结缔组织疏松的地方发生水肿，各脏器发生出血。炭疽菌有液化胶原纤维的作用，出现凝血不全，血液呈煤焦油样。

【症　状】 银黑狐和北极狐感染此病，潜伏期为1～2天。急性经过者无任何临床表现，刚吃完食就会突然死亡。病程稍长者，表现体温升高，呼吸加快，步态蹒跚，渴欲增强，拒食，血尿，腹泻，粪便有血块和气泡，常从肛门和鼻孔中流出血样泡沫，出现咳嗽、呼吸困难及抽搐症状，咽喉水肿扩大到颈部和头部，有时蔓延到胸部下、四肢和躯干。一般转归死亡，很少有康复的可能。

【病理解剖】 死于炭疽病的狐，一般不允许剖检。屍体营养状态良好，尸僵不全。口腔、鼻孔和肛门处有血样泡沫流出。由于胃肠臌胀，往往出现肛门外翻。可视粘膜发绀（蓝紫色）。喉、颈、头及腹下等部的皮下组织有胶样浸润，喉部肿胀。屍体烧毁深埋。

【诊　断】 根据临床症状和屍体，可以做出初步诊断，但最终确诊要靠血清学和细菌学检查。采取病料时，一定要严格按法定传染病的规定去做，要求无菌操作，密封运送。

北极狐和银黑狐的炭疽病与副伤寒有些相似，但副伤寒发生在2月龄的幼狐，没有咽喉和头部肿胀的症状，副伤寒病程长达5～10天，尸僵完全，血凝良好，血清沉淀反应无沉淀环，呈阴性。

【防　治】 可用炭疽血清进行特异性治疗，成年北极狐、银黑狐皮下注射20～30毫升，幼狐10～15毫升。芬兰北极狐药量适当提高。

药物治疗，用青霉素有效，狐和北极狐每次20万～40万单位，每日3次。

健全卫生防疫制度，严禁采购、喂饲来源不明或病死的动物肉，疫区每年应进行1次炭疽疫苗注射。

对可疑病狐进行隔离饲养治疗。病死的狐不得剖检取皮，应一律烧毁深埋，被污染笼舍要用喷灯火焰消毒。该病是人兽共患病，饲养人员应严格遵守防疫制度，严加防范，切不可粗心大意。

(六)结 核 病

结核病多呈慢性经过,引起内脏器官干酪化或钙化性结节,一般呈地方性流行。

【病　原】 为结核分枝杆菌。该菌共分 3 型,即牛型结核、人型结核和禽型结核,狐对牛型结核和禽型结核最为敏感,人型次之。幼龄银黑狐较易感,北极狐较少患病。

该菌为整齐直型或稍弯曲的多形杆菌,平均长 1.5～5 微米,宽 0.2～0.5 微米。本菌对干燥条件具有较强的抵抗力,在痰和粪便中能存活 6 个月,对阳光和湿热敏感。在直射光下,几分钟至几小时死亡,这与被污染材料的厚度有关。55℃经 4 小时,60℃ 1 小时,70℃ 10 分钟,80℃ 5 分钟,90℃ 2 分钟死亡,100℃立即死亡。而在 70%酒精和 10%漂白粉溶液中则很快死亡。

【症　状】 狐的结核病临床症状取决于病变的位置。大多数病例表现衰竭,被毛蓬乱、无光泽,当肺部发生病变时,出现咳嗽,呼吸急迫,很少运动,多呈犬坐姿势。下颌淋巴或颈浅淋巴结受侵害时,则出现肿大或溃烂;实质器官(肝、肾)被侵害时,常无明显症状。表现消瘦,营养不良,消化紊乱,发生腹泻或便秘,腹部膨胀增大,腹腔积水。

【病理解剖】 病死狐尸僵完整,可视粘膜苍白,消瘦。病变多发生在肺部,在肺表面及组织深处,用肉眼可见到有豌豆大、黄豆大的散在的钙化结节。切面为浓稠凝块或灰黄色脓样物。有的侵染气管和支气管,形成空洞,胸腔有化脓性胸膜炎,积有渗出物。纵隔淋巴结增大,切面呈干酪样。

在腹壁浆膜上,常见有结核结节。肠管粘膜上,偶见有散在如扁豆粒大小的溃疡,呈灰白色。大网膜上偶遇见有散在的干酪样的结节，肝、脾也有时可见到结节。肾脏也常受侵害，在肾包膜下，常见到粟粒大或高粱粒大至黄豆粒大的灰黄色结节。慢性病例肾萎缩，结节位于深处。在肾盂附近的结核病灶破溃时，其内容物可进入肾盂内。

【诊 断】 可通过病理解剖和细菌学检查进行诊断。病理解剖的主要特点是，患病狐脏器发生特异性变化，有大小不等的干酪化和钙化变性的结节。病变部位压片或细菌培养物涂片用萋尔—纳尔逊氏抗酸染色，结核分枝杆菌被染成酸性红色，即可确诊。亦可做生物学试验，用病狐内脏器官制成乳剂，接种于易感动物豚鼠、家兔或鸡，如得结核病，即可进一步确诊。

【防 治】 可用抗痨药物治疗，如异烟肼(雷米封)、链霉素、利福平(甲哌力复霉素)等，但因药贵，从经济上治疗价值不大。最好是发现病狐尽量隔离精心饲养，维持到取皮季节，病狐全部淘汰。预防上要加强饲养管理，增强狐群的抗病能力，加强兽医卫生防疫制度，杜绝可能带入结核菌各种途径等，进行综合性防治。

(七)布氏杆菌病

布氏杆菌病是人、畜和毛皮兽共患的慢性细菌性传染病。本病呈周期性弛张热或长期波状热，妊娠母狐发生流产，或产弱小仔狐，周龄内仔狐死亡率高。个别公狐出现睾丸炎，配种能力下降。

【病 原】 本病是由布氏杆菌属的羊型、牛型、猪型病菌引起的慢性传染病。病原体长为1～2微米，宽0.5微米，不会运动，不产生芽孢的球杆菌。在较陈旧培养基中有时一端膨大呈棒状。因此，有些学者把它列为杆棒状杆菌属。

本菌对外界环境有较强的抵抗力，在体外能保持很长时间仍具有感染性。在干燥的土壤中可存活 37 天，在水中存活 60～150 天，在湿润的土壤中存活 72～100 天，在污染的皮张内可存活 3～4 个月，在粪便中存活 45 天，在尿中存活 46 天，在污染的衣服上能存活 15～30 天，在咸肉内存活 4 个月，在冻肉内可存活 5 个月以上，在乳制品内存活 16 天。但该菌对湿热特别敏感，55℃ 2 小时，70℃ 5 分钟被杀死，煮沸可立即杀死。对一般化学药物抵抗力也较差，1%～2%石炭酸、克辽林、来苏儿和 0.1%～0.2%升汞液，1 小时内杀死，1%～2%甲醛溶液经 3 小时杀死，5%新石灰乳液 2 小时即可杀死。

【流行病学】 该病主要由于生喂牛、羊内脏及下脚料，生喂死羊羔肉及乳制品等，引起感染。成年狐感染率和发病率高于幼年狐。

【症　状】 银黑狐人工感染，潜伏期为 4～5 天，潜在经过是毛皮兽患此病的主要特征。母狐主要表现是流产、体温呈弛张热或波状热，或产弱仔，食欲下降，个别出现化脓性结膜炎。有的公狐出现睾丸炎，配种能力下降。

【病理解剖】 妊娠中后期死亡的母狐，子宫内膜有炎症或有糜烂的胎儿，外阴部有分泌附着物，淋巴结和脾脏肿大。其他器官充血、出血，个别公狐睾丸发炎。组织学变化是淋巴细胞和多核细胞增生。

【诊　断】 患病狐缺乏特征性临床症状，病理解剖变化亦不明显。因此，细菌学检查具有重要意义，可从病狐静脉采血分离血清，用凝集反应来检查出阳性者。

【防　治】 本病无特异性治疗方法，应通过血清学检测，结合冬季取皮，对阳性狐进行淘汰，自群净化。

预防本病，要严格执行兽医防疫制度，严禁有布氏杆菌病动物进场，特别是羊。不喂不明来源的生肉或牛、羊下水。喂羊羔肉（死羊羔肉），不排除有本病可能，喂时一定要煮熟后再喂。

（八）李氏杆菌病

李氏杆菌病是以败血症经过，并伴有内脏器官和中枢神经系统病变为特征的急性传染病，对养狐业威胁很大。

【病　原】 本病菌为两端钝圆、平直或弯曲的小杆菌，不能形成荚膜和芽孢，长 1～2 微米，宽 0.2～0.4 微米。在多数情况下呈小棒状单独存在，或两个呈"V"字形，或互相并列。有一根鞭毛，能运动，为革兰氏阳性小杆菌。

本菌为需氧及兼厌氧性菌，培养温度 37℃，pH 值为 7～7.2。在普通培养基上能生长，在肝汤和肝汤琼脂上生长良好，呈圆形、光滑平坦、粘稠透明的菌落，折光观察呈乳白黄色。在血液琼脂上，呈 β 型溶血。在肉汤培养基内微混浊，形成黄色颗粒沉淀。

李氏杆菌具有较强抵抗力，秋、冬时期，在土壤中能存活 5 个月以上。在冰块内存活 3～5 个月。在骨肉粉内存活 4～7 个月，在皮张内存活 62～90 天，在尸体内存活 1.5～4 个月。

本菌对高温及各种药物抵抗力也比较强，100℃经 15～30 分钟，70℃经 30 分钟死亡。用琼脂培养物制的菌液，在 60℃～70℃经 5～10 分钟死亡，2.5%石炭酸溶液 5 分钟，2.5%苛性钠溶液 20 分钟，2.5%甲醛溶液 20 分钟，75%酒精 75 分钟被杀死。在 0.25%石炭酸防腐液的血液内可存活 1 年以上。

【流行病学】 本病感染范围很广，家畜、家禽、啮齿动物和野生动物都感染，也是人畜共患的散发性的传染病。狐有感染性。主要传染源是病兽，通过被污染的饲料和饮水，以及直接喂带有李氏杆菌病畜、禽肉类饲料及其副产品等均可引起感染。另外，狐场内的鼠类和野鸟对本病的传播也有很大的危险性。

本病经消化道感染。维生素缺乏、寄生虫病及其他使机体抵抗力下降等不良因素的存在，亦是诱发本病的原因之一。

【症　状】 幼龄北极狐患病后，精神沉郁与兴奋交替出现，食欲减退或拒食。兴奋时表现共济失调，后躯摇摆，后肢不完全麻痹，咀嚼肌、颈肌及枕部肌肉震颤，呈痉挛性收缩，致使颈部弯曲，有时向前伸展或歪向一侧，或仰头，有时出现转圈运动，此时病狐到处乱撞。当采食饲料时，出现颌、颈部肌肉痉挛性收缩，从口中流出粘稠的液体。常出现结膜炎、下痢和呕吐。在粪便中发现淡灰色粘液或血液。成年狐有时伴有咳嗽，呼吸困难，呈腹式呼吸。仔狐病程从出现症状起 7～20 天死亡。有的病狐表现全身衰竭，常隐居小室内。有的出现脑炎症状。

【病理解剖】 死于李氏杆菌病的银黑狐，剖检有化脓性卡他性肺炎、急性卡他性胃肠炎。脾脏肿大，切面外翻，液量多，肾脏有特定的出血斑和出血点，膀胱粘膜也有出血点。死于本病的北极狐，心脏呈淡灰色，有纤维素凝块和淡黄色的心包液。甲状腺肿大，出血呈黑褐色，肺部呈淤血性充血，肝脏呈黄土色并充血、出血。胃粘膜有卡他性炎症。膀胱粘膜有出血点，脑血管充盈可见，脑实质软化、水肿，硬膜下有出血点。

【诊　断】 根据流行病学、临床症状及病理解剖变化，并结合细菌学检查可以确诊。但要与巴氏杆菌病、脑脊髓膜炎及犬瘟热等病相区别。

【防　治】 对李氏杆菌病，目前尚无特效治疗方法。初期大量用抗生素（链霉素）或磺胺药物可以治愈，但野生动物病初发现不了，出现神经症状后，治疗难以奏效。

主要是要加强防疫，特别是像李氏杆菌这样属于条件性致病菌，病原菌在土壤中滋生，在阴雨连绵的季节要加强防疫，改善饲养管理。另外，要消灭老鼠和外寄生虫，加强饲料卫生检验，避免该病传染。

（九）鼻　疽

鼻疽病是单蹄动物（马、驴和骡）多发的一种细菌性传染病。通常呈慢性经过。人和毛皮兽（水貂、狐和北极狐等）感染本病则呈急性经过。具有皮肤结节和溃疡症状，死亡率很高。

【病　原】 毛皮兽鼻疽和马鼻疽为同一属病原，即由马鼻疽杆菌引起。

鼻疽杆菌为需氧菌，在37℃、pH值6.6～6.8的微酸性环境中生长发育良好。在甘油肉汤内呈轻度混浊，于试管底形成粘稠、灰白色沉淀，管上都有粘稠的壁环附着，经10～15天形成黄白色粘稠的菌膜。在甘油琼脂培养基上，经24小时后，形成具有黄白色光泽的圆形小菌落，至48小时生成2～3毫米大的菌落，开始为半透明，逐渐变黄，最后变为不透明菌落。

该菌为革兰氏阴性菌，为短小线形的小杆菌，长1.5～3微米，宽为0.3～0.6微米，不形成荚膜和芽孢，两端钝圆，呈直立或弯曲状。

本菌在干燥病理材料中，经1周后死亡；在直射阳光下，经24小时左右死亡；在水槽中可存活数周；在潮湿厩舍中可存活20～30天。对湿热抵抗力较强，25℃ 1小时，60℃ 2小时死亡。在2%石炭酸液，3%克辽林液，1%苛性钠液，0.5%高锰酸钾液中1小时可杀死本菌。在0.01%升汞液中1～2分钟可杀死本菌。

【流行病学】 在自然条件下，它是单蹄动物固有传染病。毛皮兽中银黑狐、北极狐、水貂易感。人可通过外伤和呼吸道感染。本病主要传染源是患病单蹄动物的肉或被其污染的饲料和饮水。

【症　状】 本病潜伏期短，银黑狐和北极狐发病后，表现食欲不振或拒食，体温升高(40.5℃～41℃)，呼吸困难。鼻孔和鼻中隔溃烂、出血，流出脓血样分泌物，流眼泪。幼狐趾间皮肤和关节出现脓疱，破溃后流出粘稠的黄白色脓汁。病狐表现一前肢或一后肢跛行。在颌下、眼下、胸侧、腹部和四肢关节皮肤上出现结节和溃疡，形成边缘不齐如火山口状的溃疡灶。北极狐鼻孔内有分泌物，鼻孔堵塞或吐血，粪便呈煤焦油样，睾丸肿胀，死前咬笼网，发出尖叫声，最后窒息而死。慢性经过的病例，主要表现食欲不振，体温接近正常，心脏跳动每分钟70～80次，呼吸困难，伴有鼻塞音。有时从鼻内喷出脓样泡沫，呼吸每分钟22～24次，可视粘膜苍白、黄染，肛门松弛，有的耳下或颈、胸侧皮肤溃烂，被毛粘结，形成污秽不洁的痂。

【病理解剖】 死于鼻疽病的尸体，尸僵不全，被毛逆立、蓬乱无光泽，鼻孔周围有粘液性分泌物附着，皮肤上散有边缘不整的、被毛粘结的破溃灶。

皮下组织散在黄色胶样浸润灶，或溃疡灶，末梢血管充盈，血凝不全，呈黑红色。鼻腔粘膜潮红、溃烂，鼻中隔有冰花样的溃斑，肺小叶膨胀不全，有的伴有米粒大黄色坏死灶，心内膜有出血点和淤血斑，心肌弛缓。脾脏肿大，有出血点。肝脏呈黄土色肿大，被膜紧张，胆囊充盈。胃肠粘膜有散在的出血点，粘膜易脱落。

【诊　断】 根据流行病学和临床症状及病理解剖变化，即可做出初步诊断。最后确诊需做细菌学检查。

用病变组织切片或涂片，采用革兰氏染色，如发现革兰氏阴性小杆菌，即可进一步培养，将病料接种于孔雀石绿复红培养基上，鼻疽杆菌在其上面发育良好，菌落中心呈绿蓝色，而菌落本身呈淡红色，易于鉴别。进一步做生物学试验，可用培养物接种于豚鼠或幼猫，如发生鼻疽，即可确诊。此外，目前对毛皮兽鼻疽诊断尚有荧光抗体法、鼻疽菌素变态反应法和酶标法。

【防　治】 目前尚无特异性治疗办法。可试用土霉素、金霉素、合霉素及磺胺类药物合并治疗，效果较好。狐和北极狐可注射土霉素 0.1～0.2 克，复合维生素 B 2 毫升。

为预防本病，要把好饲料关，用马、骡及驴肉或其副产品时要进行检疫，发现有鼻疽阳性或可疑的肉类，一定要煮熟后喂用。

但开放性鼻疽马肉，绝不能喂。发现狐感染本病，一定要隔离饲养或扑杀，尸体要焚烧或深埋，全场要彻底消毒。解剖要带上防护手套，以防感染，决不可粗心大意。

五、钩端螺旋体病的防治

钩端螺旋体病是一群致病的钩端螺旋体引起的人和动物共患的传染病。

狐的钩端螺旋体病主要是由出血性钩端螺旋体引起的，特点是传播快，发病率和病死率高（90%～100%），主要侵害 3～6 月龄幼狐，成狐较少发生。

【病　原】 钩端螺旋体是一种纤细的、中间有一根轴丝的、具有螺旋结构的微生物，在微生物分类学上属于螺旋体科，细螺旋体属，长6～20微米，宽0.1微米。螺旋弯曲较规则且恒定，螺宽0.2～0.3微米，螺距为0.3～0.5微米。具有运动性，有时因受到动物体内特异抗体的影响，形态发生变化。

钩端螺旋体在一般江河、池塘、沼泽和淤泥中可生活数月或更长。生长最适pH值为7～7.6。对热极为敏感，60℃时10分钟可杀死。在干燥环境和直射日光下容易死亡。对酸碱均甚敏感，0.1%的各种酸类均可在数分钟内杀死。常用的消毒药如0.05%升汞液、70%酒精、2%盐酸溶液、0.5%石炭酸溶液等在5分钟内即可杀死。对于低温有较强的抵抗力，－70℃速冻的培养物可保持数年仍有毒力。感染该病不分年龄性别，以幼狐易感，发病和病死率较高。一般是单一血清型感染，也有几个血清型同时感染的。

病狐和带菌的动物是本病的主要传染源。由于本病病原体最后定位于肾脏，所以，通过尿液传染使本病蔓延与扩散更为严重。尿液接触破伤处的皮肤和粘膜可以感染，尿液污染了饲料和水源也能引起感染。交配亦能引起接触感染。鼠类和野生动物可成为自然疫源。

【发病机制】 钩端螺旋体经消化道或外伤进入机体，通过血液侵入器官组织内繁殖，主要在肝脏积聚和在肾脏定位。钩端螺旋体进入血液、组织并在其中繁殖，形成菌血症。钩端螺旋体的代谢物引起动物体温升高，血糖降低和红细胞崩解等病理过程和临床变化。病原体在肝脏繁殖，引起肝细胞变性、坏死等损害，导致胆红素蓄积，出现黄疸。病原体在肾脏定位繁殖，可造成肾脏变性、坏死、出血，出现血红蛋白尿。

【症　状】 狐感染后潜伏期为2～12天，急性病例2～3天死亡，病狐粪便黄稀，多数病狐饮水量剧增，心脏跳动加快，脉搏增数，食欲减退或废绝，精神沉郁。少数病例呼吸加快，反应迟钝，后躯不灵活，眼结膜发炎，体温升高。严重的出现贫血，后肢瘫痪，尿血，排出煤焦油样粪便，转归往往死亡。

红细胞减少，血红素降低，有些病例白细胞增加，多数是中性颗粒细胞增多。

【病理解剖】 尸体剖检，各器官充血、淤血，还可见到卡他性乃至出血性肠炎，有的尸体表现贫血、黄染。

肾小球充血，肾小球囊内有液体和少量红细胞渗出，肾间质内灶性淤血，肾小管上皮细胞混浊肿胀，大部分病例脂肪变性，有不同程度的坏死，肝淤血，汇管区有淋巴细胞、浆细胞浸润，肝细胞不同程度的混浊肿胀，脂肪变性和坏死。心、脑、肺、脾等均有淤血和少数淋巴细胞浸润。

【诊　断】 本病诊断方法很多，特异诊断方法也不少。根据临床和流行病学可做出初步诊断，最后要依靠实验室诊断。可采用暗视野显微镜直接镜检，或采取病料直接培养，最后做动物接种试验确诊。

【防　治】 病初用青霉素效果较好，狐每头用量 20 万～40 万单位。但狐患病往往早期不易发现，而晚期治疗效果不明显。

预防本病着重防止水源的污染和带菌动物的传播。接种钩端螺旋体病菌苗，是最有效的预防办法。

六、寄生虫病的防治

（一）弓形虫病

弓形虫病是由一种弓形体的原虫所引起的人、畜及毛皮兽共患的寄生虫病。

【病　原】 弓形虫(弓浆虫)为细胞内寄生虫,属于原虫动物型的孢球虫的一种。它具有双宿主的生活周期,即等孢球虫相和弓形虫相,前者宿主是在肠内,后者在宿主的组织细胞内。弓形虫的卵囊被狐吞食后,即按典型的弓形虫相发育,在吞噬细胞内形成假囊,在组织内特别是在肌肉内形成有抵抗性的包囊。在假囊和包囊内都以内增殖方式繁殖,产生滋养体,滋养体呈新月形、香蕉形或弓形,大小为 4～7 微米×2～4 微米,一端稍尖,一端钝圆。在假囊和包囊内滋养体不同,前者在核中,后者在核的末端。包囊呈隐性感染。

【流行病学】 本病可通过接触健康粘膜和损伤粘膜感染,也可通过胚胎感染。狐作为食肉动物,更易通过饲料感染。患病动物的排泄物和分泌物都可成为传染源。

【症　状】 狐感染后潜伏期为 7～10 天或数月。成年狐和北极狐患病后,食欲减退或废绝,呼吸困难,或呼吸浅表、频数。由鼻孔及眼内流出粘液,腹泻、带有血液。肢体不完全麻痹或麻痹,骨骼肌痉挛性收缩,心律失常,体温升高到41℃～42℃,呕吐。死前精神兴奋,在笼舍内旋转并发出尖叫。

母狐妊娠期感染本病,可招致胎儿被吸收、流产、死胎、难产及产后(4～5 天)仔狐死亡。

【病理解剖】 除中枢神经系统外,各主要脏器和组织均有肉眼可视的病变。肝脏肿大,呈淡黄褐色,表面布满点状坏死灶、有红褐色出血带。胃粘膜出血,常发现有白色的小坏死灶,小肠粘膜有小的溃疡,胃肠内有血块或血液。肺脏充血、淤血、水肿和气肿。胸腔内有淡黄色胸水。

病理组织学变化为:局部灶性坏死性肝炎和淋巴结炎,非化脓性脑炎,肺水肿和间质性肺炎等。在肝坏死灶周围的肝细胞浆内，肺泡上皮和单核细胞浆内、淋巴结、内皮细胞胞浆内及单核细胞胞浆内，常可见有单个的、成双的或 3～6 个不等的弓形虫，虫呈圆形、卵圆形、弓形或新月形等不同形状。

【诊　断】 弓形虫病的临床表现、病理变化及流行特点，虽有一定诊断价值，但不足以作为诊断依据，还需在实验室内检查出虫体或特异性抗体，方可最后确诊。

弓形虫病在临床上不是特异的，常与犬瘟热、病毒性肠炎混同。因此，要加以鉴别。

【防　治】 磺胺嘧啶、磺胺甲氧嘧啶、磺胺间甲氧嘧啶（制菌磺）和敌菌净，均有较好的疗效。但要在发病初期治疗，如果用药晚，虽可使症状消失，但不能抑制虫体进入组织内形成包囊，从而使其变为带虫者。在磺胺类药治疗的同时，可用 B 族维生素和维生素 C 注射液配合治疗，能起到促进治愈的作用。

对怀疑有弓形虫病的肉类，要高温消毒后喂用。对患有本病的狐隔离治疗；死亡后尸体要深埋处理。

（二）狐附红细胞体病

该病是由附红细胞体附着在狐血液红细胞表面和游离于血浆中而引起的一种内寄生虫病。

【病　原】 本病病原是附红细胞体，该病原体是附着在狐红细胞表面一种球形、逗点状或颗粒状的小虫体，能在红细胞表面做扭动及翻转运动，由于它的运动使红细胞发生变形，呈齿轮状、锥形、三角形、四边形及椭圆形等不同形状。

【流　行】 附红细胞体病是以节肢动物为传媒的传染病，幼狐及成狐均可感染，死亡率幼兽 41.2%，成兽 25%。

【症　状】

(1)急性　狐发病前一天一切正常,第二天突然死亡于笼中;有的狐食后突然抽搐,口吐白沫,迅速死亡。

(2)亚急性　体温升高41℃～42℃,呼吸困难,鼻流泡沫样血液,全身间歇性抽搐,最后死亡,病程1～2天。

(3)慢性　多为发病后期,间歇性抽搐,可持续5～8天死亡。

【病理解剖】剖检脑部血管出血、淤血,脑实质有针尖大小的出血点。心包积有淡黄色或淡红色液体,色泽变浅,心内膜有条状出血。肝脏肿大,呈土黄色,切片模糊不清,胆囊充盈。胃脏苍白,表面有丝状出血。膀胱内膜,隔膜,腹膜均出血。

【诊　断】通过实验室血液压片和涂片,在显微镜下看到红细胞表面附着有球形、椭圆形、逗点状及颗粒状小虫体,不停地扭动、翻转运动。涂片经瑞氏染色镜检,可见到红细胞表面或边缘有很多圆形、椭圆形、短杆形等形态的紫蓝色、折光很强的附红细胞体,结合解剖病变检查,可以确诊附红细胞体病。

【防　治】

第一,肌内注射血虫净(贝尼尔),用注射用水或生理盐水稀释成5%的溶液,按3～5毫克/千克体重深部肌内注射,隔48小时注射1次,连续3次。

第二,注射血虫清,按0.2～0.3毫升/千克体重静脉或肌内注射,间隔24小时注射1次,连注3次。

第三,注射血虫杀,按0.2～0.3毫升/千克体重静脉或肌内注射,隔48小时1次,连注3次。

第四,抗生素用四环素、土霉素,按100毫克/千克体重和金霉素15毫克/千克体重口服或肌注,或静脉注射,连注7～

10天。

【预 防】 因该病由节肢动物昆虫为媒体传播，所以狐场粪便要用生物发酵消灭蚊蝇、疥螨、虱及昆虫，搞好环境卫生，杀灭害虫，以减少发病。

（三）螨虫病

螨虫病是由疥螨科和痒螨科的螨类寄生于毛皮动物体表而引起的外寄生虫病。近年很多场家由于对引种防疫注意不够，或个别场家高密度（多个仔狐在一个笼内饲养或接触地面饲养）饲养，而招致暴发螨虫病。久治不愈，损失较大。

1. 疥螨病

【病 原】 疥螨病的病原是疥螨。螨虫钻进狐的皮肤，挖凿隧道，虫体在其内发育繁殖。在隧道中每隔相当距离有小孔与外界相通，既是通气孔，也是幼虫出入孔。雌虫在隧道内产卵，并孵化出幼虫，幼虫由出孔爬到皮肤表面后，在毛间的皮肤上开凿小穴，在里面蜕变为若虫，再钻入皮肤，形成狭而浅的穴道，并在内蜕变为成虫。严重侵害狐的毛皮，使毛皮失去经济价值。

【症 状】 狐患疥螨病多先从头部、口鼻、眼、耳及胸部开始，后遍及全身。皮肤发红，有疹状小结节，皮下组织增厚、奇痒，狐用前爪搔抓患部，被毛脱落，皮肤秃毛处出现血性抓伤，患部皮肤增厚，有皱褶或形成痂皮。

【病理解剖】 死于本病的狐，皮肤上覆盖硬壳和痂皮。在秃毛部增厚的皮肤上，出现血性龟裂和搔抓伤，尸体消瘦，贫血。

【诊 断】 根据皮肤变化特征，可以做出疥螨病初步诊断。在患部与健康皮肤交界处涂以少许甘油，用外科刀刮皮肤至充血出血为度，将刮取物涂在载玻片上，或在10%苛性钾（或钠）溶液中处理3～5分钟，取其悬液涂在载玻片上，用低倍显微镜检查，即可看到螨虫，即可诊断。

【防　治】 轻者可用1%～2%敌百虫水溶液涂擦患部，或涂15%浓碘酊涂1～2次可愈。重症者，可用1%～2%敌百虫水溶液洗浴，但室内要温暖，药液温度在25℃～35℃之间，同时注意人兽安全。另外涂20%的雄黄油也有效。要坚持一块一块地治。

据近期报道，应用上海溶剂厂生产的揭阳霉素粉，按狐每千克体重0.3克（每克含2毫克）喂狐（将药粉塞入新鲜小鱼腹内1次直接投服），治疗有效。对同时有耳螨的狐，亦可涂3%揭阳霉素甘油软膏。对抓伤较重的患部，可涂碘甘油，有效率为100%。

最新报道，用灭虫丁（阿佛菌素）、虫克星、阿福丁等每千克体重肌注0.2～0.4毫克，能收到较好效果。

预防本病，引入种狐一定详细检查，有螨虫病的狐不能引入场内。引入的狐要隔离饲养一段时间，确认无螨虫病时再入大群。对狐笼舍环境每天都要清扫，笼舍地面要定期消毒。另外发现有螨虫病者，立即隔离治疗，对大群一一检查，最好都进行一次药浴。平时严禁野猫、野犬等进入场内。

2. 耳螨病

耳螨病主要发生在狐耳壳内，螨虫侵害耳壳内表皮，使其发炎，严重者损坏中耳，发生中耳炎，甚至并发脑膜炎。

【病　原】 本病多为猫耳螨，雌虫大小为0.32～0.5毫米，雄虫为0.2～0.42毫米。虫体为椭圆形，污白色，在患部角化严重处的耳螨呈肉红色，耳螨头部有吻，由腹面长出4对有5节的腿。雌虫前两对腿掌部有吸盘，而雄虫4对腿均有吸盘。

耳螨主要寄生于耳壳、外耳道内和鼓膜上，耳螨以强大的颚使宿主皮肤细胞脱落，损伤区域内发炎、出血，并有组织液渗出，干涸结痂时，使内外耳道发生奇痒。

【症　状】 病狐摇头，以耳壳摩擦小室或笼网。有时用前肢搔抓患部，皮肤发红，并有肿胀，严重时，伤口内有浆液性渗出物流出，继而流出脓性分泌物，渗出液聚集而胶着在耳壳下缘被毛上，形成黄色或黄褐色的痂皮。

当发生葡萄球菌继发感染时，可引起中耳炎、脑膜炎，导致病狐死亡。当耳螨钻进内耳时，能使鼓膜穿孔，病狐失去听力，患狐食欲下降，头歪斜。严重时并发脑炎，出现肌肉痉挛和神经症状发作。出现神经症状和头弯曲时，一般预后不良，多数转归死亡。

【诊　断】 根据临床表现、患部刮取物镜检结果，即可确诊。将患部刮取物放在培养皿内，置于黑色背影下并微加热，肉眼即可看见小白点似的虫体迅速运动。刮取物用10%苛性钠（钾）液处理 3～5 分钟后，用其悬液在低倍显微镜下观察，也可以清晰地看到耳螨虫体。

【防　治】 同疥螨病的防治方法。

（四）蛔 虫 病

【病　原】 病原为蛔虫。狐主要吃了含有蛔虫卵的饲料，或饮了被蛔虫卵污染的水而感染，或者母仔未分窝前，仔狐吃了含有蛔虫卵的母狐粪便而使仔狐感染本病。本病幼狐多于成年狐。狐蛔虫的雄虫成虫体长 2～4 厘米，雌虫 3.5～5.5 厘米，主要寄生于肠道。

【症　状】 患狐身体虚弱，精神委靡，腹部胀满，消化不良，下痢和便秘交替出现，被毛蓬乱无光。有时呕吐、痉挛、抽搐，有时可看到吐出或便出蛔虫。病情严重的患狐，特别是幼狐，常因蛔虫过多造成肠梗阻，致使大批死亡。剖检可见到肠内蛔虫堵塞成团。

【防　治】　预防本病，要加强饲料和笼舍卫生管理。蔬菜一定要洗干净，畜禽内脏一定高温处理后再喂。配种前对全群种母狐进行一次驱虫，以防因母狐患蛔虫病而感染仔狐。

治疗可用驱虫灵，每千克体重 0.2 克；哌啶每百千克体重 0.2 克，拌在饲料中喂，隔 2 周再重复喂 1 次。人用的其他驱虫药可酌情应用。

七、中毒病的防治

（一）肉毒梭菌毒素中毒

本病是由梭状芽孢杆菌属的肉毒梭菌污染的肉类或鱼等饲料，产生大量外毒素而导致的动物急性食物中毒病。危害较大，国内外均有发生。死亡率取决于食入毒素的量。

【病　原】　肉毒梭菌又名腊肠中毒杆菌。本菌有 6 个血清型，其毒素致病作用相同，但抗原结构不同，同毒素只能用同血清型中和。引起人和肉食动物中毒的多为 C 型菌。

肉毒梭菌为专性厌氧菌，长 4～6 微米，宽 0.5～1.2 微米，单个或成双排列，运动性较弱，顶端芽孢呈网球拍状。能分解蛋白质，产生外毒素，毒力较强。此毒素具有较强的抵抗力，对低温和高温都能耐受，当温度升到 105℃时，经 1 小时才能被破坏。

【流行病学】　所有动物都能引起中毒，狐敏感。特别是 C 型肉毒梭菌更为严重。本病发生没有年龄、性别、季节性差别，常为群发，病程 3～5 天，个别为 7～8 天。

本病突然发生，第一昼夜死亡 70%，第二昼夜死亡 20%，第三昼夜死亡 8%～10%。本病严重程度和延续性取决于狐食入毒素的多少。

【发病机制】 本病为急性细菌外毒素中毒。毒素经胃肠粘膜吸收进入血液，侵害神经系统和横纹肌及膈运动神经，使全身肌肉松弛无力，昏迷而死。

【症　状】 狐于食后 5～24 小时突然发病，最长者 48～72 小时。本病为超急性经过。

狐表现运动不灵活，躺卧，不能站立，先是后肢出现不完全麻痹，不能支撑身体，拖肢爬行（海豹式行进），继而前肢也出现麻痹，病重时出入小室困难，常滞留在小室内外，未进入昏迷前，意识一直很清醒。

有的病狐表现有神经症状，流涎，吐白沫，颌下毛被湿润，瞳孔散大，眼球突出。有的病狐常发出痛苦尖叫，进而昏迷死亡。少数病例可见到呕吐、下痢。有的狐无明显症状而突然死亡。死前呈现阵发性抽搐。

【病理解剖】 本病无特征性变化，胃粘膜充血、出血并附有粘液。肝脏充血、淤血，呈樱桃红色或暗紫色，松弛。肺充血、水肿，呈暗红色。肾脏充血、淤血，三界清楚。肺及肋膜有出血斑。

【诊　断】 根据食后 8～12 小时内突然全群性发病（不分年龄、性别，而且多为健康、食欲旺盛的狐）并大批死亡，可怀疑为肉毒梭菌毒素中毒。进一步诊断，可将剩食和死狐胃中食物做敏感动物饲喂试验。

【鉴别诊断】 本病在临床表现上与阿氏病（伪狂犬病）相似，但阿氏病在饲喂屠宰厂猪下杂后 3～5 天发病，开始病势不猛，经 2～3 天后死亡迅速增加，至 3～4 天达到高峰，再经

2～3 天死亡下降。为了进一步鉴别，可将病死狐的脑和肺在无菌条件下研成 10 倍悬液，经健康兔肌内注射，经 4～7 天兔如出现典型的瘙痒症状，并将注射部位咬伤则为阿氏病。肉毒梭菌毒素中毒无此种症状。

【防　治】 本病因来势急，死亡快，群发等特点，一般来不及治疗。特异性疗法，可用同型阳性血清治疗，效果较好。对症治疗，可用强心、利尿剂，皮下注射葡萄糖溶液等。

从根本上预防本病，应注意饲料的卫生检查，用自然死亡动物的肉类时，一定要经过高温处理后再喂。最有效的预防办法，是注射肉毒梭菌菌苗，而且最好用 C 型肉毒梭菌苗，每次注射 1 毫升，免疫期 3 年。

（二）毒鼠药中毒

1. 磷化锌中毒

磷化锌属于急性灭鼠药，对人、畜和毛皮兽毒性较大。

【症　状】 狐食入磷化锌后，常在 15 分钟至 4 小时内出现中毒症状。表现厌食、昏迷、呕吐和腹痛。呕吐物有蒜臭味，在暗处可出现磷光。呼吸急促，有时有喘鸣声。全身无力，共济失调，心跳缓慢，尿中有红细胞、蛋白质和管型（又称尿圆柱）。病狐中毒初期有过敏性变态反应症状，后期痉挛发作，呼吸极度困难，张嘴伸舌，昏迷而死。中毒后多在 3～4 小时死亡，幸存者，约 1 周后方能恢复。

【病理解剖】 肺显著出血，肺间叶水肿，胸膜出血、渗血，肝、肾极度充血。亚急性病例肝苍白、有黄斑，胃内容物有蒜臭味，消化道粘膜充血、出血和粘膜脱落。

【诊　断】 一般根据病史、症状（呼吸困难、呕吐等）、剖检变化（肺充血、水肿）以及胸膜渗出物和胃内容物的蒜臭味，可做出初步诊断。在肝和肾中检查出磷化锌即可确诊。

【防　治】 本病无特效疗法，病初可用5%碳酸氢钠液洗胃，亦可灌服0.2%～0.5%硫酸铜溶液，此液可与磷化锌形成不溶性磷酸铜，阻滞磷化锌的吸收，从而降低毒性。为了防止酸中毒，可静脉注射葡萄糖酸钙或葡萄糖酸钠溶液。还可试用硫代硫酸钠注射液(10%)静脉注射解毒。亦可静脉注射等渗葡萄糖溶液和对症治疗等。

应管好毒鼠药。冷库、饲料库、饲料加工室，不可用毒鼠药灭鼠，不要给狐吃死老鼠。

2. **杀鼠灵中毒**

杀鼠灵又名华法灵、灭鼠灵，属于慢性灭鼠药，毒性中等，能使毛皮兽各器官出现广泛的致死性出血。

【症　状】 急性中毒者，无前驱症状，很快死亡。尤其是脑血管、心包、纵隔和胸腔发生大量出血时，死亡更快。亚急性中毒者，粘膜苍白，呼吸困难，鼻出血及肠道出血、便血为常见症状。此外亦可见巩膜和眼内出血。严重失血时，动物非常虚弱，并有共济失调、心律不齐、关节肿胀等症状。如果出血发生在脑脊髓或硬膜下，则表现轻瘫，共济失调，痉挛或急性死亡。病程较长者，可出现黄疸。

【病理解剖】 以大量出血为特点，出血可发生于体内任何部位，如胸腔、纵隔间隙、血管外周组织、皮下组织、胸膜下和脊髓、胃肠及腹腔等处。心肌弛缓，心内外膜下出血，肝小叶中心坏死。

【诊　断】 根据误食杀鼠灵的病史及严重出血的典型症状，可做出初步诊断。

【治　疗】 保持安静，肌注维生素K，或将5～10毫升维生素K溶于5%葡萄糖溶液中静注，效果良好。

3. 敌鼠中毒

【症　状】 病狐精神沉郁，食欲减退，呕吐。随后，结膜苍白，呼吸急促，粪便带血并有血尿，皮肤出现紫斑。后期粘膜发绀，肢体末梢有冷感，呼吸困难，卧地挣扎，张口呼吸，最后窒息而死。

【诊　断】 根据患狐吃敌鼠药的历史和临床表现，并通过呕吐物毒性分析，可最终判定。

【治　疗】 病初洗胃，静脉注射维生素 K，每日 3 次，持续 3～5 天。同时还可肌内注射仙鹤草素溶液，给予足量的维生素 C 及可的松类激素药。有条件的可输氧、输血治疗。

（三）霉玉米中毒

【病　因】 主要是玉米或玉米面发霉所致。霉玉米中毒主要是由 3 种毒性较强的镰刀菌所产生的毒素引起的。

【病理机制】 这些毒素是神经组织毒，对狐有局部和全身的毒害作用。

毒素由消化道吸收，进入血液循环，当毒素侵入神经系统时，引起脑充血和水肿，有时可在神经组织和脑膜上发生变性及出血性变化，引起临床上一系列神经症状，兴奋或抑制，感觉丧失和反射迟钝等。当毒素侵入血管内皮或整个循环系统血管壁时，直接或反射地引起毛细血管炎症和坏死，致使血管壁脆弱，通透性增加，造成大面积出血。当造血器官受损时，引起造血功能障碍，导致血液理化性状变化，发生凝血缓慢，血小板减少，白细胞减少，单核和颗粒性白细胞减少或消失，淋巴细胞相对增多，毒素作用于心脏肌肉，引起心肌营养不良；作用于胃肠粘膜，引起出血、坏死，造成腹泻，机体脱水，白细胞极度减少，机体抵抗力下降。口腔粘膜溃疡、坏死等。

【症　状】食欲减退，呕吐，腹泻，精神沉郁，出现神经症状，抽搐，震颤，口吐白沫，角弓反张，癫痫性发作等。急性病例有时看不到症状即突然死亡。解剖可看到胃肠粘膜出血、充血、溃疡、坏死。肝、肾充血、变性及坏死等。

【诊　断】在同一时间内多数狐发病或死亡，应首先检查饲料质量，特别是谷物饲料（以玉米为主，玉米粉碎后不及时散热，容易引起霉变），结合流行病学和临床症状，病理变化等，进行综合性诊断。

玉米如有发霉变质情况，要采样送化验单位进行毒菌分离与鉴定，根据检验结果做出最后诊断。

【防　治】应立即停喂有毒饲料，撤出尚存的剩余饲料。日粮中加喂蔗糖或葡萄糖、绿豆水等解毒，静脉或腹腔注射葡萄糖注射液。为防止出血，可在葡萄糖液中加维生素 K_3 和维生素 C。

饲料要贮存在通风干燥的室内，经常晾晒。粉碎后的玉米粉要及时散热并散放。采购时要防止不合格的玉米进场，饲料加工室要拒绝霉玉米的加工和调制。

（四）食盐中毒

食盐中毒如为群发，是由于饲料加盐过多。散发，则是因为调料搅拌不均匀而造成的。

【病　因】由于计算失误，饲料中加盐过多；或工作不认真，不用秤而凭估计；喂含盐量高的咸鱼或鱼粉时脱盐不充分；调拌不均，饮水不足，都会造成食盐中毒。

【病理机制】动物采食过量的盐，胃肠首先受到刺激，导致胃肠炎，神经系统受损害。盐过多，机体组织中逐渐积累钠离子，引起慢性食盐中毒，脑组织钠离子积聚，引起脑水肿，这种情况常见于饮水不足而食入食盐量正常之时，神经组织出现嗜酸性细胞浸润性脑膜炎。此外，由于肠管吸收食盐后血浆渗透压显著增高，细胞外氯化钠浓度随之增高，引起细胞内液水分外渗而导致组织脱水。由于颅内压增高，致使氧供给不足，糖无氧酵解抑制，引起脑血管组织损伤而出现神经症状。

【症　状】 食盐中毒的动物，常出现高度口渴，兴奋不安，呕吐，从口、鼻中流出泡沫样粘液，呈急性胃肠炎症状。腹泻，全身虚弱，出汗，伴有癫痫，叫声嘶哑，病狐在昏迷状态下死亡。有的狐运动失调，做旋转运动，排尿失禁，尾巴翘起，四肢麻痹。

有人试验证明，食盐中毒程度取决于食盐的量及有无充足的饮水。动物每千克体重食入盐量1.8～2克时，在无水情况下，有20%引起中毒。当每千克体重达到2.7克时，发生典型的食盐中毒现象，并在中毒的第三天水貂的死亡率达80%。当饮水充足时，水貂和其他毛皮兽均能很好地耐过每千克体重4.5克的食盐量。

【病理解剖】 食盐中毒死亡的动物尸体完整，口腔内有少量食物和粘液，肌肉呈暗红色、干燥。主要表现是胃肠道粘膜充血和肥厚。肺、肾及脑血管扩张，个别病例心内膜、心肌、肾及肠粘膜有点状出血。

【防　治】 立即停止喂含盐量高的饲料，加强饮水，但要有限制地少饮、勤饮。后期病狐不能自行饮水时，可用胃管给水或腹腔注射冷水。为了维持心脏功能，可皮下注射10%～20%樟脑油0.5～1毫升。还可皮下注射5%葡萄糖溶液10～20毫升。为了缓解脑水肿，降低颅内压，可静脉注射25%山梨醇液或高渗葡萄糖液。为了促进毒物排出，可用双氢克尿噻和石蜡油。为了缓解兴奋和痉挛，可用溴化钾。

预防狐食盐中毒一定要注意加盐标准(日粮的0.2%～0.3%),淡水鱼和海鱼要区别对待,对含盐高的鱼粉或咸鱼,一定要脱盐后再喂。加工饲料时要搅拌均匀。

八、营养和代谢性疾病的防治

(一)维生素A缺乏症

维生素A缺乏症,是引起上皮细胞角化为特征的一种营养缺乏性疾病,狐易患此病。

【病　因】 饲料中维生素A达不到狐的需要量(一般狐和北极狐每日每头需维生素A 750～1 250单位,芬兰狐比上述量增加1/3),或因饲料中氧化物破坏了维生素A,或者因动物消化系统疾病影响维生素A的吸收,是引起本病的主要原因。

【发病机制】 主要表现在皮肤及粘膜上皮角化,即腺上皮细胞被无分泌作用的扁平上皮所代替。银黑狐患此病,发生神经纤维髓鞘变性,母狐发生滤泡变性、公狐睾丸曲精细管上皮变性,从而导致狐繁殖功能被破坏。

【症　状】 幼狐和成年狐临床表现相同,当维生素A不足时,经过2～3个月出现临床症状。狐早期症状是神经功能失调,抽搐,头向后仰,病狐失去平衡而倒下,应激使反应增强,受到微小刺激便高度兴奋,沿笼转圈,步履摇晃。个别病例神经症状发作持续时间达5～15分钟。仔狐肠道功能受到不同程度的破坏,出现腹泻症状,粪便中混有大量粘液和血液;有时出现肺炎症状,生长缓慢,毛被蓬乱,换牙推迟。

【病理解剖】 尸体比较瘦,贫血。仔狐常出现气管和支气管炎，胃肠有炎性变化，胃内有溃疡，肾和膀胱有结石。

【诊　断】 对病狐血和死狐肝脏进行维生素 A 含量测定，亦可在狐日粮中添加喂维生素 A 进行治疗性诊断来确诊。

【防　治】 治疗量为需要量的 5～10 倍，狐每日每头喂给维生素 A 3 000～5 000 单位。预防本病发生，应在日粮中保证维生素 A 的供给（不低于 250 单位/千克体重），另外在饲料中应注意蔬菜及鱼、肝的供给量。

（二）维生素 E 缺乏症

维生素 E 是几种具有维生素 E 活性的生物酚的总称。主要功能是作为生物抗氧化剂。当狐维生素 E 不足时，会引起繁殖功能失调。

【症　状】 主要是影响动物繁殖功能，母狐缺乏维生素 E 时，表现发情推迟，不孕和空怀增加，生下来的仔狐精神委靡、虚弱，无吮乳能力，死亡率增高；公狐表现性欲减退或消失，精子生成功能障碍。营养好的狐脂肪黄染、变性，秋季发生突然死亡。

【防　治】 首先要补充维生素 E，每千克体重 5～10 毫克或倍量。并选加下列药物：一是维生素 B_{12}，每千克体重50～100 微克。二是青霉素，每千克体重 10 万～20 万单位，磺胺嘧啶每千克体重 0.05～0.1 克；三是乳酶生每千克体重 0.2 克，土霉素每千克体重 5 万单位。

预防本病，要在准备配种期、配种期、妊娠期和哺乳期的饲料中给予足够的维生素 E 20～30 毫克，芬兰狐按每千克体重 5 毫克。在饲料不新鲜的情况下，还要加倍量补给维生素 E（抗氧化）。

（三）维生素 C 缺乏症

当狐缺乏维生素 C 时，常引起仔狐的红爪病。

【发病机制】 缺乏维生素 C 常使毛细血管通透性增高从而使毛细血管出血，造成仔狐发生红爪病。

【症　状】 1 周以内的仔狐发生红爪病，其特征性症状是：四肢水肿，皮肤高度潮红、出血，关节变粗，趾垫肿胀变厚，尾部水肿。经过一段时间后，趾间形成溃疡、龟裂；行走困难，不断发出尖叫声。

一般在胚胎期或生后发生脚掌水肿，开始轻微，以后逐渐加重。生后第二天发现脚掌伴有轻度充血，此时尾端变粗，皮肤高度潮红。

病仔狐常发出尖叫，到处乱爬，头向后仰，精疲力竭，不能吮乳，致使母狐患乳房炎。如不及时诊治，死亡率较高。

【防　治】 产后及时检查，如发现红爪病，应及时治疗，投给 3%～5%维生素 C（抗坏血酸）溶液，每头每日 1 毫升，每天 2 次。用滴管经口投入，直到肿胀消除为止。

为了预防本病，饲料中维生素类补充要全面，如维生素 A、维生素 D、维生素 B_1、维生素 B_2 和维生素 C 等。在缺乏青饲料时，要补加维生素 C 精品，每头每日 20～30 毫克。另外饲料一定要拌匀，给维生素 C 时，要用凉水泡开，切勿用热水或开水泡，否则常因温热而破坏维生素 C。

（四）维生素 B_1 缺乏症

【病　因】 狐常因饲料氧化变质，特别是脂肪不完全氧化及气温过高，使维生素 B_1 被破坏和损失。另外饲料加酵母少时（除啤酒酵母外，其他酵母虽然含丰富 B 族维生素，但维

生素 B_1 并不多），长期喂含硫胺素酶的鱼（海鱼中毛鳞鱼、沙丁鱼、远东沙丁鱼、银鲑、梭鱼等，淡水鱼中的鲤鱼、胡瓜鱼、鲫鱼、红雪、鳙鱼等）破坏维生素 B_1，而引起维生素 B_1 缺乏症；有些场家为节约成本，长时期不给维生素 B_1 或酵母，而导致维生素 B_1 缺乏症。这在国内屡见不鲜，造成很大损失。

【症　状】 当饲料中维生素 B_1 不足时，经 20～40 天就引起本病发生。患狐先出现食欲减退或消失，大量剩食，狐身体衰弱、消瘦，步态不稳，后肢不灵活，抽搐、痉挛，最后不能站立，衰竭，经 1～2 天死亡。严重缺乏维生素 B_1 时，使神经末梢发生病变，组织器官发生功能障碍，病狐体温下降，心脏功能衰弱，厌食、废食，消化功能紊乱等。母狐维生素 B_1 不足时，可使妊娠延期，空怀率增高，产弱仔等。

【防　治】 本病早期发现可用维生素 B_1 进行治疗，并在饲料中加大酵母喂量及增加富含维生素 B_1 的饲料。狐每天每头喂维生素 B_1 8～10 毫克，持续 10～15 天（将维生素 B_1 拌在食中）即可痊愈。当出现神经症状并绝食时，用维生素 B_1 针剂注射，每日每头 0.5～1 毫升，可加快治愈。

预防本病，饲料要坚持给酵母和维生素 B_1，不能长期大量喂含硫胺素酶的鱼，如果要喂，要熟煮后再喂或喂 5 天生鱼，双休日喂熟鱼，并把 7 天维生素 B_1 量加在这两天中喂给。

（五）维生素 B_2 缺乏症

【症　状】 维生素 B_2（吡哆醇）缺乏时，会引起动物皮炎，被毛脱色，生长缓慢。还常引起神经功能破坏，步态摇晃，后肢不完全麻痹或麻痹，呈痉挛及昏迷状态。心脏功能衰弱。全身被毛脱落，毛绒脱色。母狐发情推迟，还会发生不育症，新生幼狐发育不全。腭裂分开，骨缩短。北极狐仔狐出现无毛或哺乳期出现灰白色毛绒，5周龄仔狐完全无被毛并具有肥厚脂肪皮肤，运动功能衰弱，晶体混浊，呈乳白色。

【防　治】　发病狐每天每头给核黄素3～3.5毫克，同时要改善饲养管理，增喂酵母，如果饲料脂肪含量高，可增加核黄素的量。对妊娠和哺乳期的母狐，每天每头要增喂核黄素2.5毫克。

（六）维生素B_6缺乏症

本病多发生在狐繁殖期，当维生素B_6不足时，公狐出现无精子，母狐引起空怀或胎儿死亡，仔狐生长发育迟缓。因此，一旦饲料中缺少维生素B_6，会给养狐生产造成很大损失。

【症　状】　患狐食欲减退，上皮细胞角化，发生棘皮症者后肢出现麻痹，小细胞性低色性贫血。妊娠母狐空怀率增高，产出的仔狐死亡率增高。公狐性功能消失或无性反射，无精子。公狐睾丸明显缩小，睾丸内变性。仔狐表现生长发育迟缓。母狐发情推迟。据报道，健康公狐出现尿结石与缺乏维生素B_6有关。

【防　治】　及时用维生素B_6制剂进行治疗，发情期用1.2毫克，每日1次。被毛生长期用0.9毫克，生长期用0.6毫克，可拌在饲料中给予。如果用针剂，可按上述量按比例计算给予注射。

为了避免狐发生维生素B_6缺乏症，要求日粮中维生素B_6的量，每100克干物质中不少于0.9毫克，或每418千焦饲料中不少于0.25毫克。

（七）维生素B_{12}缺乏症

维生素B_{12}缺乏或不足，可引起狐贫血。饲料中缺乏维生

素 B_{12}，成年狐经 36 周、幼狐经 15 周便会出现缺乏症。

【症　状】 狐表现为血液生成功能障碍性贫血，可视粘膜苍白，食欲废绝，消瘦，衰弱。如在妊娠期发生，仔狐死亡率增高。银黑狐发生本病，表现全身性贫血，粘膜苍白，仔狐发育不良，实质器官萎缩、变小。肝、脾边缘变薄。

【防　治】 用维生素 B_{12} 治疗，效果较好。每千克体重注射 10～15 微克，1～2 天注射 1 次，至痊愈为止。为预防本病，饲料中维生素 B_{12} 要按标准给予，即每 418 千焦饲料中给 1.5～2.5 微克。

（八）佝偻病

佝偻病是幼龄狐磷钙缺乏症或叫做磷钙代谢障碍病。

【发病机制】 钙和磷的吸收是在机体功能（甲状旁腺）正常，饲料中钙磷比例适当，在维生素 D 参与下进行的。钙在维生素 D 的作用下，以形成磷酸盐的形式被肠吸收，并以磷酸盐形式贮存于骨骼的组织中，当饲料中缺乏维生素 D 或钙磷比例不当时，肠内吸收磷酸盐的能力发生障碍，使血液中磷酸盐含量降低，骨组织贮存磷酸盐的能力也随之减弱。

【病　因】

第一，钙磷摄入量不足，或钙磷吸收受到障碍：一是饲料中钙和磷的绝对含量不足，或狐处于生长发育、妊娠、哺乳期，由于食入量少，引起钙磷的负平衡。二是由于钙磷必须以溶解状态才能被小肠吸收，所以任何妨碍钙磷溶解的因素（如饲料中含有过多的碱基，胃酸缺乏，氢离子浓度下降）或饲料中含有过多的不溶解钙磷的六磷酸、肌醇，均能影响钙磷吸收。三是饲料中钙磷比例不适当，影响其被吸收。四是饲料中缺少维生素 D，或因肝、肾病变及甲状旁腺素分泌减少，使维生素 D

在肾脏形成不足时，可直接影响钙磷的吸收。五是胃肠疾病，或伴有蠕动加快时，亦影响钙磷的吸收。六是日光照射不足，使维生素 D_3 的酰体转化困难，导致钙磷吸收障碍。

第二，钙磷排出过多：动物主要通过肠和肾排出钙磷，当肠分泌增多或发生下痢时，不仅饲料中钙磷不能充分被吸收，而且使机体内源性钙磷损失。肾脏排出钙磷受激素调节。因此，凡引起甲状旁腺素分泌减少、降钙素增多或肾小球重吸收功能障碍的各种因素，均可引起钙磷排出增多。此外，当肾脏患慢性疾病时，可使钙磷随蛋白尿排出体外。

【症　状】 本病多发生在1.5～4个月龄的幼狐。主要症状是肢体变形，两前肢内向或外向，呈O形或X形腿，病情严重者肘关节着地。患狐肢体变形，先发生在前肢，尔后发生在后肢和躯干骨。有时发生在小腿骨、肩胛骨及股骨弯曲、腹下垂增大。有的幼狐不能用掌着地走路，而用肘关节移行，由于肌肉松弛，关节疼痛，步履拘紧，多用后肢负重，呈现跛行。定期发生腹泻。病狐抵抗力下降，易得感冒及感染传染病。

患本病的幼狐发育迟缓，体型矮小，如不及时治疗，以后可变成纤维素性营养不良症。当然更谈不上做种用和生产高质量的毛皮了。

【防　治】 患本病的狐，每日每头要加喂维生素D 1 500～2 000单位，同时，应饲喂新鲜碎骨。亦可静脉注射葡萄糖酸钙或维生素D胶性钙，饲料中加喂钙片，并增加日光浴。

为了防治本病，日粮要保证钙磷的比例平衡，达到1∶1或2∶1。另外，要保证维生素D的供给量，使狐(幼年狐)能够接受到斜射日光浴。

九、普通病的防治

(一)感冒及支气管炎

【病　因】 气候突变,特别秋、冬或冬、春时节遇寒流,一些营养水平较差的狐抵抗力较弱,易引起感冒。

【发病机制】 当狐抵抗力降低时,突然受到寒冷或致敏物刺激皮肤、粘膜,使毛细血管收缩,血液循环受阻,上呼吸道发炎,粘膜柱状上皮细胞发生应激反应,变成杯状细胞并分泌出液体,以冲洗粘膜炎症产物。同时,体温调节也发生相应变化,体温升高,所以临床上出现流鼻涕、淌眼泪和发烧现象。

【症　状】 患感冒的病狐表现精神不振,食欲减退,两眼半睁半闭、流泪,流鼻液,体温升高,鼻镜干燥,不愿活动,多蜷卧于小室内或笼网的一角。

【防　治】 治疗感冒多用解热剂安痛定注射液。为促进食欲,可用复合维生素B或维生素 B_1 注射液;防止并发症,常用青霉素或其他广谱抗菌药或磺胺类药物进行治疗。有人用青霉素80万单位、安痛定5毫升稀释后肌内注射;病毒灵注射液5毫升肌内注射;维生素 B_6 2毫升、地塞米松2毫升混合后肌内注射。以上三方1次分三点肌内注射,1次治愈。

预防感冒,应加强狐饲养管理,提高狐的抗病能力。气候突变时要提前注意保温,特别寒冷季节运输时,要有防风设备,防贼风侵袭。饮水要少给勤添,防止弄湿笼内垫草及狐被毛。

支气管炎:是由感冒、受异物刺激及其他传染病继发感染而发生的。主要症状,狐表现发烧,高度沉郁,战栗、脉搏频数,食欲减退，频频咳嗽，开始为干性咳嗽，后变为湿性咳嗽。鼻孔流出浆液、粘液或脓性鼻液。可听到尖而粗厉的肺泡音、干啰音（即吹笛音）。治疗用青霉素 20 万～40 万单位/头，每日 2 次肌注，亦可在食物中投以人用祛痰镇咳药，用松节油、松馏油、克辽林、氯化铵治疗均有效。

（二）肺 炎

【病 因】 本病虽认为是由于传染而发生，但真正病因不明确，多由呼吸道微生物——肺炎球菌、杆菌、链球菌、葡萄球菌、绿脓杆菌、大肠杆菌、真菌及病毒等引起。狐患此病，主要因自身抵抗力下降时，或发生支气管炎后血液和淋巴循环紊乱，在这些诱因影响下，发生肺炎。

过度寒冷，小室保暖不好，常引起幼狐感冒；通风不良，小室过热、潮湿或氨气过浓，都会引起急性支气管肺炎。不正确投药，引起异物性肺炎，犬瘟热和巴氏杆菌病均会继发肺炎。

【症 状】 病狐精神沉郁，鼻镜干燥，可视粘膜潮红或发绀，患狐常卧于小室内或蜷曲于笼网内一角，体温升高达 39.5℃～41℃，呼吸困难，呈腹式呼吸，每分钟 60～80 次或以上，食欲完全丧失。

日龄小的狐，多半呈急性经过，看不到典型症状，常发生冗长而无力的尖叫声，吮乳无力，或吃不上奶，腹部干瘪，很快死亡。

成年狐发生本病，多因不坚持治疗而死亡。本病病程可持续 8～15 天，治疗不及时，死亡率很高（特别是幼狐）。

【病理解剖】 急性经过死亡尸体营养良好，肺充血、淤血，尤其是尖叶最重，切面呈暗红色，有血液流出。心脏扩张，心腔有多量血液。支气管粘膜充血，气管粘膜有水肿感。

【诊　断】 根据临床症状，如精神沉郁，居于一角，呆立，呼吸困难，鼻镜干燥，体温升高可初步确诊。对仔狐诊断更加困难，往往都呈急性经过，主要根据剖检。

【治　疗】 应用抗生素效果良好，并配合使用促进食欲和保护心脏的药物治疗。狐每次用青霉素 20 万～40 万单位，维生素 B_1 1 毫升，每日 2～3 次，连续数天可治愈。亦可用其他抗生素药类及磺胺类药物治疗。

（三）急性胃肠炎

本病为胃肠粘膜的急性卡他性炎症。

【病　因】 多因饲养管理不当，吃了腐败变质饲料，饮水不洁引起。另外长途运输，动物抵抗力下降，胃肠功能障碍，也易发生胃肠炎。某些传染病和寄生虫病，可继发胃肠炎。

【症　状】 患狐病初食欲减退，有时出现呕吐，病后期食欲废绝，口腔粘膜充血、干灼发热，精神沉郁，不愿活动，腹部蜷缩，弯腰弓背，肠蠕动增强，伴有里急后重、下痢，排出蛋清样灰黄色或灰绿色稀便，严重者可看到血便。体温变化不定，也可能升高到 40℃～41℃或以上，濒死期体温下降。肛门及会阴部被毛有稀便污染。幼狐常出现脱肛，腹部臌胀。下痢严重者，表现脱水，眼球塌陷，被毛蓬乱，昏睡，有时出现抽搐，一般病程急剧，多为 1～3 天或稍长些，常因治疗不及时或不对症而死亡。

【诊　断】 根据临床症状，确诊胃肠炎不困难。主要根据病史、粪便颜色和稠度判定。不过卡他性胃肠炎与某些传染病相混同，应予以区别：大肠杆菌病主要侵害 1～10 日龄仔狐；副伤寒主要侵害 3 周龄的仔狐，成年狐很少发生；犬瘟热病除有腹泻外，有结膜炎、肿嘴和肿脚及皮肤脱屑等特异症状。

【防　治】 要重视大群防治，饲料中排除不良因素。可给患狐易消化吸收的牛奶或奶粉，并在饲料中加一些广谱抗生素（土霉素和新霉素）或磺胺脒之类的药物。

个别患狐要单独治疗。为了恢复食欲，可肌内注射维生素 B_1，口服喹乙醇、敌菌净（混于饲料中喂），脱水严重者可补液，皮下或静脉注射5%葡萄糖溶液，还可注射维生素C 0.5～1毫升，青霉素或链霉素20万～40万单位。

常用处方　一是土霉素0.05～0.1克，维生素 B_1 粉5～10毫克，以蜂蜜少许调成舔剂，1次抹入口内吃下；二是含糖胃蛋白酶0.5克，维生素 B_1 粉5～10毫克，喹乙醇和敌菌净适量（按说明书给予），以蜂蜜调成舔剂，1次抹入口内吃下；三是硅炭银0.2克，龙胆末0.1克，磺胺脒0.2克，以蜂蜜调成舔剂，1次抹入口内吃下；四是链霉素0.5克，多维葡萄糖0.3克，1次喂服。

预防本病要加强饲养管理，严格把好饲料卫生关，发霉变质饲料不能喂狐，重视饲料加工车间卫生管理。

幼狐胃肠炎病死率较高，可肌内注射氯霉素0.25毫升，1日2次，严重者可用5%葡萄糖补液（滴注），亦可皮下注射或直肠灌注。

治疗腹水方　狐腹大如箕，反复间隔2天进行腹部穿刺，每次排出腹水（渗出液）约3升，穿刺完了狐一切正常，但2～3天后腹部再次复胀如前，饮食排泄均受影响。可用中西医结合方法治疗，1周痊愈。具体处方如下：一是生鸡内金5～10克，生白术5～10克，两药研成细末，拌料中服用，每日2次，生鸡内金由每日1次10克逐日减少；二是肌内注射速尿2毫升，每日1次，连用5天。

（四）流　产

【病　因】 流产原因较多：过度惊吓，饲料突变，饲料变质，或饲料混有异味等，患有某些疾病，如加德纳氏菌病、布氏杆菌病等，均可引起流产。

【症　状】 狐流产常常在小室内或笼网上看不到胎儿，但能看到血迹，个别狐可在笼网下地面看到残缺不全胎儿。外阴部有恶露，1～2 天内可看到红黑色膏状粪便。狐发生不完全隐性流产时，如触摸腹后部，可摸到无蠕动死胎儿。

【防　治】 对已发生流产的母狐，为防止发生子宫炎和自身中毒，可注射青霉素 20 万～40 万单位，1 日 2 次。为促进食欲，可注射维生素 B_1 0.5～1 毫升。对不完全流产者，要进行保胎治疗，可注射 1%黄体酮 0.3～0.5 毫升和口服维生素 E。对已确定为死胎者，可先注射缩宫素 1～2 毫升，产出死胎后再按上述方法治疗。

为预防本病，狐场要保持安静，杜绝机动车进出，阻止非场内人员进入，谢绝一切参观者，防止意外惊动（爆炸声和鞭炮声等）。饲料要保证稳定、新鲜、全价。非本群饲养员不要擅自进入妊娠母狐群。

（五）难　产

狐难产在大型狐场每年都能遇到，但并不多。小场和专业户很少遇见。

【病　因】 妊娠前期饲料过于优厚，使母狐过胖；胎儿发育不均匀，生命力弱；死胎，畸形胎及胎儿水肿；胎势、胎位异常。这些都是发生难产的原因。

【症　状】 多数难产母狐超出预产期而发病，母狐表现不安,不断出入产箱内外,来回奔走,有分娩行为,努责,排便,发出痛苦呻吟。有的阴道流出褐红色血样分泌物,后躯不灵活,常两腿拖地前进,患狐时而回视腹部,不断舔舐外阴部。有的胎儿夹在阴道内久久不能产下来。母狐衰竭,精神委靡,子宫阵缩无力,常常钻进产箱内蜷曲在垫草上不动,甚至昏迷。

【诊　断】 根据狐已到预产期或超过预产期,腹围很大,有临产表现,但不见分娩,母狐表现不安,不断出入产箱,阴道流出血样分泌物,时间超过 12 小时,可视为难产。

【防　治】 当分娩表现已超过 12 小时,可先进行催产,即注射脑垂体后叶素 0.6～0.8 毫升,隔 20～30 分钟如仍不产出,可重复注射 1 次。经 12 小时仍不产出,可人工助产。

助产时,先将外阴部用 0.1%高锰酸钾溶液或新洁尔灭溶液消毒,然后用甘油或植物油(灭菌的)做阴道润滑处理,用开膣器撑开阴道,用长嘴镊子将胎儿拉出,如果通过催产、助产均不见效果,可实施剖腹产取胎。

(六)乳房炎

【病　因】 乳房炎多数是由于乳腺感染而发生。仔狐弱,吮乳力差,或仔狐少,母狐乳量充足,致使乳房胀满;仔狐多,尤其是断乳前仔狐争相吮乳,造成乳房损伤及咬伤;仔狐死亡,无仔狐吮乳等等,均可造成乳腺积乳过多,引起乳房肿胀,而发生乳房炎。

【症　状】 患狐乳房基部形成纽扣大结节,有的乳房有外伤,化脓。病重者表现精神不安,常在笼内徘徊,不愿进产箱喂仔狐,而有的患狐常叼仔狐出入产箱,而不安心护理仔狐。仔狐由于不能及时哺乳,发育迟缓,由于饥饿,常发生沉长的尖叫声,被毛蓬乱焦燥,重者饿死;母狐因乳房发炎,体温升高，食欲减退或废绝，精神沉郁.体力衰弱。

【诊　断】 根据患狐临床症状和仔狐发育情况，可以明确诊断。

【防　治】 可每日按摩乳房，排出乳汁。如感染化脓，可用0.25%奴夫卡因5毫升，青霉素40万单位，在患乳房炎症位置周围的健康部位进行封闭治疗。化脓部位用0.3%利凡诺溶液洗涤创面，然后涂以青霉素油剂或消炎软膏治疗。

对拒食的母狐，补液用5%葡萄糖20～30毫升皮下注射，肌注维生素B_1 1～2毫升。母狐患乳房炎时，其仔狐要找奶娘代养，以保护仔狐成活。

（七）子宫内膜炎

【病　因】 狐在交配过程中，使阴道和子宫带进异物及病原微生物而致病；另外由于人工授精时，使子宫颈口受伤，或检查精液时吸管带进致病污物等。特别是本交，如果交配次数在6次以上，容易发生子宫炎症。多发生在繁殖季节，影响繁殖，损失较大。

病狐多因在交配季节自身抵抗力较弱，使在阴道内常在的绿脓杆菌大量繁殖感染所致。

【症　状】 本病对成年狐和青年狐均有感染，多发生在交配后的7～15天。病初表现食欲减退，精神不振，外阴部流出少量脓性分泌物，严重时，流出大量带有脓血的褐白色脓性分泌物，并污染整个外阴部及下部的被毛。患狐精神沉郁，体温增高，常卧于笼内一角，如不及时治疗，死亡率较高。尸体解剖，两侧子宫充血、出血，严重者内有两袋脓性分泌物。

【防　治】 及早发现，每头每次用青霉素40万单位，每天2次。亦可用乳酸诺氟沙星（氟哌酸），每千克体重1～1.5

毫升，或者用乳酸环丙沙星（丙氟哌酸），每头 5 毫升。重病患狐，可先用 0.1%高锰酸钾溶液或 0.3%利凡诺溶液清洗阴道和子宫后，再用上述药物治疗（滴注），效果更好。

预防本病，配种前对狐笼舍要消毒 1 次（火焰），对公狐包皮及母狐外阴道最好用 0.1%高锰酸钾或 0.3%利凡诺溶液擦洗 1 次。人工授精器材及精液检查吸管都要严格无菌处理。人工授精后，最好给母狐注射 1 针消炎药，以防本病发生。检查精液的吸管，最好尖部光滑无刺，如果不光滑、有破损，一定要磨光或用酒精灯烧光，免得插入阴道时损伤粘膜，造成感染机会，而引起子宫炎症。

附　表

附表一　养狐常用的各种生产记录

(一)种狐卡片

兽号　类型　来源　初生　月　日　特征　体况　等级

父号________ { 祖父号________ / 祖母号________ }

谱系

母号________ { 外祖父号________ / 外祖母号________ }

繁殖情况(公)

年　度	总配次	配种母狐数	受胎数	产仔数	胎平均产仔数

繁殖情况(母)

<table>
<tr><td rowspan="2">年　度</td><td rowspan="2">初配
日期</td><td rowspan="2">复配
日期</td><td rowspan="2">妊娠
天数</td><td colspan="4">产仔数</td><td colspan="4">断乳时成活数</td><td colspan="3">留种数</td></tr>
<tr><td>计</td><td>公</td><td>母</td><td>死</td><td>计</td><td>公</td><td>母</td><td>成活率</td><td>计</td><td>公</td><td>母</td></tr>
<tr><td></td><td></td><td></td><td></td><td colspan="11"></td></tr>
</table>

(二)狐饲料单

1. 每份日粮饲料单

______年 ______月 ______日

饲料种类	饲料量（克）	可消化营养物质（克）			代谢能（千焦）
		蛋白质	脂肪	碳水化合物	
合计					418千焦

2. 重量比饲料单

______年 ______月 ______日

饲料种类	重量比（%）	饲料量（克）	可消化营养物质（克）		
			蛋白质	脂肪	碳水化合物
合计	100				

3. 月份狐群动态表

栋别（群别）	月初数						产出幼狐			购入			死亡			出售			淘汰			月末数					
	成年狐			幼狐			计	公	母	计	公	母	计	公	母	计	公	母	计	公	母	成年狐			幼狐		
	计	公	母	计	公	母																合计	公	母	合计	公	母

4. 交配产仔记录

狐号	交配日期				产仔				断乳成活数			备注
	日/公号	日/公号	日/公号	日/公号	日期	合计	公	母	合计	公	母	

附表二　常用统计和计算方法

1. $受配率=\frac{受配母狐数}{参加配种母狐总数}\times100\%$

2. $产仔率=\frac{产仔母狐数(包括流产数)}{受配母狐数}\times100\%$

3. $胎平均产仔数=\frac{产仔数(包括流产和死胎数)}{产仔母狐数}$

4. $群平均产仔数=\frac{仔狐数(包括流产和死胎数)}{参加配种母狐数}$

5. $胎平均成活数=\frac{现成活仔狐数}{产仔母狐数}$

6. $群平均成活数=\frac{现成活仔狐数}{参加配和母狐数}$

7. $成活率=\frac{现成活仔狐数}{产仔活仔狐数}\times100\%$

8. $死亡率=\frac{死亡头数}{年初头数}\times100\%$

9. $年增殖率=\frac{年终头数-年初头数}{年初头数}\times100\%$

附表三 狐血液常数及主要生理常数

血液常数

项目	银黑狐		北极狐	
	1～3月龄	4月龄以上	1～3月龄	4月龄以上
红细胞(百万/毫米^3)	7.8±1.2	9.3±1.0	7.2±1.0	8.2±0.8
100毫升中血红蛋白(克)	11.0±2.8	16.0±2.0	12.0±1.9	16.0±1.1
白细胞(千/毫米^3)	7.0±1.4	5.6±1.4	7.7±1.6	5.8±1.1
白细胞分类计数(%) 嗜酸性	0.6(0～4)	0.9(0～7)	0.5(0～4)	0.5(0～3)
嗜碱性	2.3(0～5)	3.7(0～13)	1.8(0～10)	2.3(0～3)
嗜中性幼稚型	0.6(0～3)	0.2(0～1)	0.1(0～2)	0.07(0～1)
杆状型	2.0(0～6)	2.4(0～8)	2.6(0～11)	2.9(0～8)
分叶核	29.0(14～46)	32.6(16～68)	36.6(16～57)	44.1(23～70)
淋巴细胞	64.3(46～81)	58.8(22～81)	52(23～79)	45.3(18～65)
单核细胞	1.1(0～4)	1.3(0～5)	0.03(0～17)	4.8(0～1.5)
丘尔克氏细胞	0.1(0～1)	0.1(0～1)	0.8(0～17)	0.03(0～2)
血细胞容积(%)	51.0±1.9		52.0±2.3	
100毫升中血清蛋白(克)	5.5±0.8	6.5±0.5	5.6±1.6	6.8±1.3
白蛋白(%)	57±5.1	58±5.1	54±9.0	57±10.2
α-球蛋白	16～2.0	13±3.0	18±5.7	14±7.2
β-球蛋白	18±3.5	16±3.1	18±4.6	16±5.7
γ-球蛋白	9±1.8	12±3.2	10±4.0	13±6.1
100毫升中胆固醇(毫克)	238±56	201±39	224±26	229±39
残余氮	41		41	

续表

项目	银黑狐		北极狐	
	1～3月龄	4月龄以上	1～3月龄	4月龄以上
100毫升中糖(毫克)	125±20	129±28		
钠	306±39	301±38		
钾	18±4.0	16±4.7		
钙	10.1±1.8	12.2±1.9		
磷	3.6±0.8	3.5±0.7		
镁	2.2±0.5	2.4±0.4		
血清碱贮量	49	51		
醛缩酶等	13.0±3.8	10.0±3.9		

银黑狐和北极狐主要生理常数

年龄	项目								
	体温(℃)			脉搏(次/分)			呼吸(次/分)		
	平均	最低	最高	平均	最低	最高	平均	最低	最高
幼狐	39.5	39.2	39.8	85	60	110	34	25	50
成年狐	39.3	38.8	39.6	85	60	110	29	21	30

参 考 文 献

1 В. А. БЕРЕСТОВА ПОД РЕДАКЦИЕЙ.《НАУЧИНЫЕ ОСНОВЫ ЗВЕРОВОДСТВО》. ЛЕНИНГРАД ИЗДАТЕЛЬСТВО 《НАУКА》ДЕНИНГРАДСКОЕ ОТДЕЛЕНИЕ,1985

2 董伟等编著.《家畜的生殖激素》. 中国农业出版社,1986.3

3 朴厚坤,张南奎编著.《毛皮兽饲养和管理》. 中国农业出版社,1986.3

4 李忠宽译.《埋植褪黑激素对雄狐繁殖的影响》.《国外特种经济动植物》. 1992.1.25

5 魏海军译.《松果腺褪黑激素(Melatonin)与水貂季节性繁殖和换毛的关系》.《国外特种经济动植物》. 1993.2

6 关中湘等.《毛皮动物疾病学》. 中国农业出版社,1982

7 严忠诚等.《一种新的人畜共患传染病—狐狸阴道加德纳氏菌病的研究》.《微生物学报》. 35(1)28～32,1995

8 于跃林等.《揭阳霉素治疗狐狸螨病》.《特产研究》. 1994.3,45～46

9 朴厚坤等.《实用养狐技术》. 中国农业出版社,1994.8

10 安宪金等.《北极狐重感冒的诊断与治疗》.《特种经济动植物》. 2004.4

11 张英.《狐附细胞体病诊治》.《特种经济动植物》. 2004.9

12 周绪正等.《狐病诊疗三则》.《特种经济动植物》.

2004.10

13 闫新华.《狐病实用防治技术问答》.《特种经济动植物》.2003.12 2002.1.3

14 刘树田.《狐自咬症的预防和治疗》.《特种经济动植物》.2002.11

15 赵世臻等.《狐的人工授精与饲养》.金盾出版社，1999

16 张培育等.《狐狸自咬症预防和治疗》.《特种经济动物》,2000

17 魏海军.《影响狐繁殖力的因素》.《特种经济动物》，2000

畜禽药物手册(第二次修订版) 33.00元
兽医药物临床配伍与禁忌 22.00元
畜禽传染病免疫手册 9.50元
畜禽疾病处方指南 53.00元
禽流感及其防制 4.50元
养禽防控高致病性禽流感100问 3.00元
人群防控高致病性禽流感100问 3.00元
畜禽营养代谢病防治 7.00元
畜禽病经效土偏方 8.50元
中兽医验方妙用 8.00元
中兽医诊疗手册 39.00元
家畜旋毛虫病及其防治 4.50元
家畜梨形虫病及其防治 4.00元
家畜口蹄疫防制 8.00元
家畜布氏杆菌病及其防制 7.50元
家畜常见皮肤病诊断与防治 9.00元
家禽常用药物手册(第二版) 7.20元
禽病中草药防治技术 8.00元
特禽疾病防治技术 9.50元
禽病鉴别诊断与防治 6.50元
常用畜禽疫苗使用指南 15.50元
无公害养殖药物使用指南 5.50元
畜禽抗微生物药物使用指南 10.00元
肉品卫生监督与检验手册 36.00元
马病防治手册 13.00元
马驴骡的饲养管理 4.50元
驴的养殖与肉用 7.00元
骆驼养殖与利用 7.00元
畜病中草药简便疗法 5.00元
畜禽球虫病及其防治 5.00元
家畜弓形虫病及其防治 4.50元
科学养牛指南 29.00元
养牛与牛病防治(修订版) 6.00元
奶牛良种引种指导 8.50元
肉牛良种引种指导 8.00元
奶牛肉牛高产技术(修订版) 7.50元
奶牛高效益饲养技术(修订版) 11.00元
奶牛规模养殖新技术 17.00元
奶牛高效养殖教材 4.00元
奶牛标准化生产技术 7.50元
奶牛疾病防治 10.00元
奶牛胃肠病防治 4.50元
奶牛无公害高效养殖 9.50元
奶牛实用繁殖技术 6.00
肉牛无公害高效养殖 8.00元
肉牛快速肥育实用技术 11.50元
肉牛饲料科学配制与应用 8.00
奶水牛养殖技术 6.00元